中國印刷史

從手抄到活字，知識不再是貴族的專利

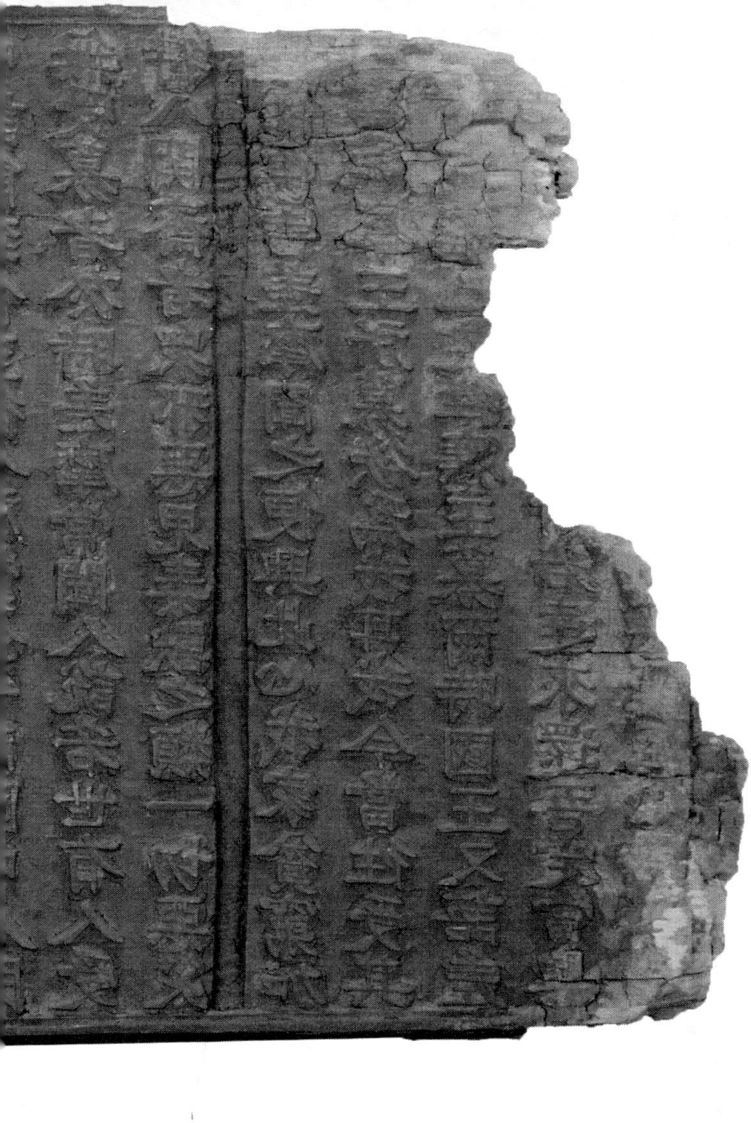

谷舟　主編

自蔡倫造紙起，人們逐漸揮別竹簡木牘的時代
印刷術使得平民也有接受知識的權利
古騰堡的機械印刷機問世後，更掀起了一次媒介革命……

崧燁文化

目錄

前言

第一章　起源篇

漢字從何而來　　　　　　　　　　13

一片甲骨驚天下　　　　　　　　　15

國之重器——青銅禮器上的故事　　19

竹簡木牘的時代　　　　　　　　　21

方塊字的演變　　　　　　　　　　23

妙筆演變　　　　　　　　　　　　26

千年墨香　　　　　　　　　　　　29

蔡倫造紙　　　　　　　　　　　　32

名牌紙與暢銷書　　　　　　　　　34

方寸之間的歷史傳承——印章　　　36

早期的複製技術——拓印　　　　　38

隋唐讀書熱和佛教熱　　　　　　　41

第二章　雕版篇

敦煌莫高窟藏經洞的發現　　　　　45

目錄

佛經版畫——中國雕版藝術的一朵奇葩	48
最早有明確記載的雕版印書——《女則》	51
唐宋時期的護身符——《大隨求陀羅尼經》	52
迄今發現最早的雕版印刷《曆書》	54
第一位著名私家刻印書籍者——毋昭裔	55
儒家經典印刷的開創者——馮道	56
雕版刻工雷延美	57
藏在雷峰塔磚縫中的經文——《寶篋印經》	58
最早的紙幣——交子	60
最早的廣告——濟南劉家功夫針鋪廣告	61
宋刻本《唐女郎魚玄機詩集》	63
最早的木版年畫——金代平陽姬家雕印《四美圖》	64
最大的單頁雕版印刷品——《大清國攝政王令旨》	68
龍藏雕版	69
現存最早的朱墨套色印本——元無聞和尚《金剛經注》	71
信箋中的技藝之美	73
魯迅與中國新興版畫運動	76
雕版印刷術的今天與明天	78

第三章　活字篇

平凡中的耀眼光芒——畢昇	81
南宋周必大泥活字印書	83
《維摩詰所說經》	84
《吉祥遍至口和本續》	85
世界上現存最早的木活字——回鶻活字	87
王禎和《造活字印書法》	89
印書狂人華燧	92
傳統活字印刷術的「日落輝煌」——武英殿活字印刷	93
執著的泥活字印書秀才——翟金生	96
鉛活字的曙光	97
活字印刷之利器——元寶式排字架	99
經濟日報社鉛版	100
急需保護的世界非物質文化遺產——里安木活字	102
走向世界的寧化木活字	104

第四章　近現代篇

老牛耕書田——墨海書館奇聞錄	109
中國第一版鋼凹版鈔票——大清銀行兌換券	110
中國海關印製的第一套郵票——大龍郵票	112
因教科書而崛起的商務印書館	113

目錄

近代社會中崛起的報紙——《申報》　　　　　　　　118
可以在石頭上作畫的印刷方式——石印　　　　　　120
鏡中「玫瑰」——假以亂真的珂羅版複製法　　　　122
《紅樓夢》與香菸的故事　　　　　　　　　　　　124
中國現代印刷業的先驅——柳溥慶　　　　　　　　126
別出心裁——紙型鉛版的使用　　　　　　　　　　128
考試試卷的故事——謄寫版　　　　　　　　　　　130
「一統天下」的平版印刷　　　　　　　　　　　　131
由豎到橫——文字排版形式的變化　　　　　　　　132
印刷機械的中國製造　　　　　　　　　　　　　　133
中國印刷術的新紀元——王選漢字資訊處理技術　　134
繁華精妙——榮寶齋　　　　　　　　　　　　　　137
歷史的見證——近現代印刷機械　　　　　　　　　140
東方書籍的魅力　　　　　　　　　　　　　　　　143
森林裡的魔幻印刷——綠色印刷　　　　　　　　　144
3D列印技術　　　　　　　　　　　　　　　　　　145

第五章　傳播篇

遠揚海外的經書——《無垢淨光大陀羅尼經》　　　151
高麗大藏經　　　　　　　　　　　　　　　　　　153

《佛祖直指心體要節》　　　　　　　　　　155

朝鮮崔溥的「奇幻漂遊記」　　　　　　　156

印刷文化的傳播使者——鑑真　　　　　　157

日本刻經史上壯舉——百萬經塔盛經書　159

旅日漢人的印刷故事　　　　　　　　　　160

活字印刷傳入日本　　　　　　　　　　　161

日本雕版印刷的高峰——浮世繪　　　　　162

中國印刷術在越南的傳播和影響　　　　　163

中西印刷的結合地——菲律賓　　　　　　165

近代中國印刷發展的海外源頭——馬來半島　167

蒙古西征與印刷術的西傳　　　　　　　　168

往返於東西方之間的使者　　　　　　　　170

歐洲現存最早的雕版印刷宗教畫
——聖克里斯多夫與耶穌渡河像　　　　　172

偉大的印刷革新家——古騰堡　　　　　　174

後記

目錄

前言

　　印刷不僅是一門技術，更是一種文化。

　　印刷術作為中國古代「四大發明」之一，至今已有一千四百多年的歷史，在印刷術發展的歷史長河中，印刷工人不斷探索創新，為後世遺留了大量的印刷珍品，而印刷技術亦不斷革新，與人民生活愈發緊密。如今我們日常所用的書籍、報刊、鈔票都是得益於這項古老技術的發明與運用。此外，我們的電腦主機板、身分證、食品包裝袋上的圖文資訊都與印刷術有關。可以說，印刷術融入了人們衣、食、住、行各個方面，它已成為了我們生活中必不可少的一個重要組成部分。

　　中國印刷術的發展至今已經歷了三個高峰：雕版印刷、活字印刷、雷射排版。雕版印刷的出現極大推動了書籍的出版和教育的傳播，為唐以來中華文化的興盛奠定了重要基礎。活字印刷是對雕版印刷發展進行進一步改革，較好的提高了印刷速度，節省了印刷原料。受「活字之祖」畢昇泥活字的影響，世人又發展出了木活字、銅活字、錫活字、鉛活字等。尤其是德國的約翰尼斯·古騰堡（Johannes Gutenberg）受中國活字印刷術的影響，發明了鉛活字印刷，帶來了近現代文明的曙光，推動了歐洲文藝復興、啟蒙運動的開啟，促進了人類文明的發展。

　　被譽為「當代畢昇」的王選在一九七五年帶領團隊進行科技攻關，在多個研發團隊齊頭並進下，王選團隊終於研製出漢字雷射排版技術，讓漢字插上了資訊化的翅膀，在電腦上實現了處理使用漢字。這項技術進步，使印刷告別了「鉛與火」，迎來了「光與電」。我們如今能讀書、看報都得感謝王選，

前言

就像每天用電燈時要感謝愛迪生一樣。印刷術的發展極大推動了書籍的普及，讓更多人得以接受知識的薰陶，所以我們說印刷術是「文明之母」。

每一種印刷技術發展與革新的背後，都有著說不完的故事。有輝煌，有辛酸，亦有感動。時過境遷，這些塵封的技藝或見於一本毫不起眼的古籍，或一件鏽跡斑斑的機械，或布滿文字符號的鍵盤。它們的精神與文化已逐步融入我們的生活之中，讓我們覺得使用起來是那麼的理所當然，逐漸用而不知，用而不覺。當重拾印刷技藝、翻閱印刷文物時，我們不禁會深深嘆服先人的智慧。中國印刷博物館系統的收藏了印刷術起源、發展、傳播等不同時期的文物。透過研究這些不同歷史時期的文物，我們得以與千年前的古人對話，細細感受印刷文化的無窮魅力。

印刷技術的進步，為社會發展帶來了深遠的影響。這種變化所潛藏的文化資訊影響著一代又一代的人們。自古以來，讀書一直被奉為人生第一等好事。如今我們的書都是印刷而來，印刷術承載著中華優秀文化，守護著中華民族幾千年來的文化寶藏，是中華優秀文化的典型代表。本書以中國印刷博物館館藏文物及相關印刷文物為基礎，講述印刷術起源、發展、傳承、傳播過程中的一些故事，科普性的闡述印刷發展史，希望讀者從中更加了解中國悠久燦爛的印刷文化。

第一章 起源篇

第一章　起源篇

印刷術可能是世界上最神奇的一種技術，它是將文字或圖案批量複製在紙張等材料表面的技術。書籍上的文字、衣服上的圖案、鍵盤上的字母符號，都是使用印刷術複製出來的。因此，印刷工人曾自豪的說：除了空氣與水不能印刷外，印刷在我們的生活中幾乎無處不在。

這項與我們生活息息相關的技術是由古代中國人發明的。早在一千四百多年前，出於對知識的渴望，勤勞智慧的隋唐人民在木版上刻字，然後用墨水刷印，實現了書籍的批量複印。這種技術一經發明，便開始廣為流傳，極大推動了教育的發展和知識的傳播，從而造就了中華文明的千年輝煌。隨著印刷術工藝的逐步改進，如今，我們的印刷不再使用木版和墨水，而是運用大機械，工藝日漸複雜，並且實現了數位印刷，在電腦上即可實現印刷的設計過程，而不用再如一千年前的古人那般刻版刷墨。

在這一千多年的歷史中，印刷術是如何發展起來的呢？是如何實現從以前的手工刻版到現在的電腦操作的呢？這中間，不僅印刷工具發生了變化，而且印刷的方式與效率都產生了巨變。

漢字從何而來

印刷的主要對象之一是漢字,那麼漢字是怎麼來的呢?一些人認為,漢字是由黃帝的史官倉頡透過觀察鳥獸的足跡創造出來的。一百多年前,人們對此仍深信不疑。直到現代,透過一系列的考古發現,我們才重新開始了解中國漢字的產生。

陶器上的符號

一九八〇年代,考古學家在河南省賈湖村一座八千多年前的遺址中發現了不少陶罐、龜甲、骨頭工具,這些器物與同時期的器具沒有什麼差別,然而特殊之處是它們上面有一些符號,而這些符號與四五千年後商朝甲骨文相對接近。尤其是一件龜甲上刻著一個人眼形的符號,與甲骨文幾乎相差無二,這可能是中國最原始的文字。此外,中國考古學家在山東省莒縣大汶口文化遺址中發現了一尊用來盛水的大口尊。該尊上有一個符號,表示一輪太陽從山上冉冉升起。經考證,這是中國最古老的「旦」字寫法。

大口尊,刻有一個合體圖畫會意字「旦」,距今約五千年。

在真正的漢字產生之前,古人為了記住事情,會使用一些圖畫和符號記事的方法。在某一個部落裡,一些人用一些符號和圖畫表示某個意思,逐漸擴大到全氏族、全部落乃至多個部落,並形成一定的讀音,最終成為可以表達語言的文

第一章　起源篇

刻符紅陶缽（複製品），距今六千至七千年。

字。這樣，原始的文字便形成了。經過幾千年的累積，在商代時終於形成了中國最早的系統文字——甲骨文。甲骨文經過演化，最終變為我們如今使用的繁體中文漢字。

萬字菱格紋單耳長頸瓶（複製品），距今四千至四千三百年。

延伸閱讀

「倉頡造字」的傳說

相傳，倉頡是黃帝的史官，有四隻眼睛，每隻眼睛都有兩個瞳孔，生來就有聖德。黃帝統一各部族後，感到以前結繩記事的方法已經不夠實用了，於是就命令倉頡創造一種新的記事方式。倉頡冥思苦想了很久，都不得要領。有一次，他在觀察鳥獸的足跡時，突然發現任何動物的足跡都是不相同的。然後，他發現天地萬物從日月星辰到山川河流，都有它們各自的特點，就像鳥獸的足跡一樣。那麼，只要創造出展現每一種事物各自特徵的符號，就能用來記錄不同事物了。於是，倉頡開始整理、收集各種素材，靠著非凡的洞察力，終於創造出代表世間萬物的各種符號，並替這些符號取名為「字」。黃帝知道後大加讚賞，命令他去各個部落傳授這些符號，文字就這樣被推廣並流傳開來了。從此，民智開化，文明伊始，倉頡也由此被尊為「造字聖人」。

一片甲骨驚天下

如果回到三千多年前的商代,我們會發現自己如同文盲一般,官方書寫的文檔,只能連蒙帶猜的識別出幾個像魚、馬、月亮等的象形文字,如讀天書一般。這種文字不同於原始人的刻畫符號,也不同於我們如今使用的繁體中文。但它是我們當代文字的鼻祖,是中國發現最早的成熟文字。因為這種對當代人而言十分晦澀難懂的文字主要刻在龜甲、獸骨上,我們便稱其為甲骨文。

甲骨文

甲骨文

一片甲骨驚天下

甲骨文是在商代使用的一種文字，只有貴族上層人士才可以使用，普通老百姓幾乎沒有權利接觸到。商朝的貴族在使用完刻有甲骨文的甲骨之後，就將其歸檔收藏。隨著商朝的滅亡，這一批文字在被隨後的西周王朝吸收之後，深藏地底，漸漸不為人所知。直到清朝，大學問家王懿榮在熬藥時發現其中一味中藥「龍骨」上刻有一些與金文類似的古文字，這引起了他的好奇心。經過仔細比對研究，他認定「龍骨」上的刻畫符號可能是比西周青銅器金文更早的一種古文字，自此甲骨文漸為世人所知。後人根據「龍骨」常被發現的地方，找到了河南省安陽市小屯村。在此，考古工作者展開了相關發掘工作，一座掩埋於地下長達三千多年的商王朝宮殿重現於世。它的發現，讓世人真真切切的了解到幾千年前燦爛輝煌的中國青銅文明，認識到中華文化的源遠流長。河南省安陽市殷墟遺址的發現被評為中國二十世紀「一百項重大考古發現」之首。二〇〇六年七月，殷墟被聯合國科教文組織列入世界文化遺產名錄。中國有文字記載的可信歷史被提前到了商朝，也因此產生了一門新的學科——甲骨學。

第一章　起源篇

> **延伸閱讀**
>
> ### 殷商故事
>
> 　　大部分甲骨出土於河南省安陽市小屯村，這裡是商朝後期的都城所在地，這些甲骨可能是商代皇家檔案館的收藏物。目前已發現的甲骨多達十五萬片，現分別被收藏在很多國家的博物館中，其中以中國國家圖書館的收藏量為最多。
>
> 　　甲骨中記載的內容非常豐富，主要涉及祭祀、田獵、天氣、疾病、征戰、天象、農學、王事等內容，向人們展示了商朝歷史、文化、社會的面貌，是極其珍貴的歷史文獻。甲骨占卜在殷商時期達到了頂峰。那是一個充滿神祕色彩的時代，人們信奉鬼神，將甲骨占卜當做天人溝通的終極手段，幾乎事事都要占卜。有的甲骨上還有關於地震和日食、月食的記載。統治階級也致力於提升甲骨占卜技術和對卦象的解讀能力。所以，我們今天才得以看到數量眾多的甲骨文遺存。現已發現的甲骨文字約有五千個，能夠解讀的有兩千個左右，不能解讀的多為氏族名字、人名、地名等。

國之重器
——青銅禮器上的故事

在三千多年前的中國，祭祀與戰爭是一個國家最重要的事情，因為祭祀可以祈求祖先保平安，戰爭可以護衛國家安穩。西周王朝的統治者深刻明白此道理，大力發展青銅鑄造技術，一方面製造當時領先於世界的青銅武器，另一方面製造祭祀所用的青銅禮器。為了彰顯文明之邦的文化高度以及獎勵功臣，西周的統治者會在青銅器上鑄刻文字。現在，我們將這種文字稱為金文。

西周毛公鼎（複製品）

第一章　起源篇

其實，人們在商中晚期就開始在青銅器上鑄字，到了西周時期，隨著文字變革以及鑄銅技術的發展，青銅器冶煉及銘文逐步進入鼎盛時期。中國青銅器最獨特的特點是廣泛用於祭祀和禮儀，這與西周時期盛行的禮樂制度是密不可分的。透過這些青銅器銘文的記載，我們可以看到一個禮樂制度盛行、君臣有序、注重家族制度的西周社會。西周的青銅器銘文記錄了祭祀、賞賜、冊命、律令等方面的豐富內容。與甲骨文展現的對鬼神的崇拜相比，金文的內容加強了對王權的尊崇。上層階級透過鑄造青銅器，用銘文的形式記載了天子的賞賜、冊封，表明對天子的效忠，追述祖先的豐功偉業，包括高尚的品德、養育子孫、對外征伐的戰功等事蹟，不僅有對祖先的頌揚、祭奠，也展現了製造青銅器的人在宗族中的權力。在很多青銅器銘文裡都有「子孫永寶用」的固定用語，意思是「希望子孫後代永遠珍藏享用」，這是製作青銅器的人對家族能夠繁榮昌盛、自己鑄造的青銅器能夠永世流傳的期望。

金文不同於甲骨文，大部分青銅銘文能被後世學者所認識，主要得益於中國歷代學者都對金文有所研究。後世雖然很少使用金文，但我們的文字是從金文演變而來的，加上金文筆畫典雅，一直為歷代篆刻家所喜愛，我們如今所刻的私人用章大都還是使用類似金文的篆體字。

延伸閱讀

毛公鼎

目前，中國發現所刻金文最多的青銅器是毛公鼎。毛公鼎上有銘文近五百個，講述了西周時期周宣王對毛公的嘉獎與鼓勵。毛公為了感謝和稱頌周天子的美德，製作了這個鼎。鼎上金文布局典雅，是西周時期文字的典範。毛公鼎現為臺北故宮博物院「三寶」之一。

竹簡木牘的時代

在青銅器金文之後,在紙張作為主要的書寫材料普及之前,為了更好的傳遞資訊和文化知識,古人主要是在竹木做成的小板上寫字,稱為竹簡木牘。這種在竹木上寫書的傳統延續了一千多年的時間。在那段歲月裡,古人讀的都是竹木書籍,竹木簡牘也成為知識分子的身分象徵。我們常用「學富五車」來形容一個人學識豐富,而這個成語最早是形容戰國時期博學多才的思想家惠施的。他家的書有五車之多,在書籍資源極為匱乏的戰國時期,惠施算的上是一位十分了不起的藏書家了。

竹簡木牘的書籍形式對中華文化產生了很大影響。由於竹木板書寫的特點,每一行文字需自上而下書寫在一塊小木片上,這種書寫的傳統一直延續了下去。即使紙張普及之後,學者仍延續著從上往下、從右到左的書寫習慣。直到近現代,受到西方影響,中文書才開始逐漸出現橫式排版。

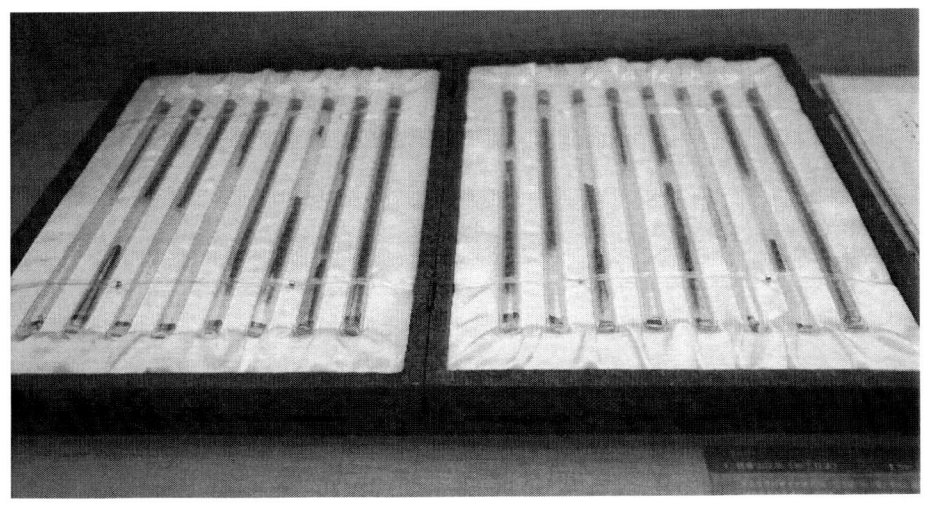

銀雀山漢簡《孫子兵法》(複製品)

第一章　起源篇

延伸閱讀

穿越千年的「更文」

由竹木做成的書籍並不易於保存，加之時代久遠、戰亂人禍的影響，中國先秦兩漢時期的大量典籍都失傳了。我們如今看到的竹簡木牘，大多是依靠考古發掘而來的。每一次的考古新發現，都會引起史學界和古文字學界的震撼。

二〇一六年，江西南昌市漢代海昏侯墓考古發掘出土了五千餘枚竹簡，初步釋讀出《論語》、《易經》、《禮記》、《醫術》等多部典籍。在主墓出土的眾多竹簡中，有一支竹簡反面寫有「智道」，正面寫有「孔子智道之易也，易易云者，三日。子曰：此道之美也，莫之御也」。一般情況下，竹簡上的文字多書於一面，此簡正反兩面均書文字，當為一卷竹書的篇首簡。「智道」即為「知道」，當為此卷竹書的篇題。漢代「知」「智」互通，此前公布的海昏侯墓出土的竹簡上就將《論語》中「知者樂水」一句寫為「智者樂水」。由此可知，這枚竹簡上所書寫的「智道」，就是《漢書·藝文志》所載《齊論語》第二十二篇的篇題——「知道」。專家斷定，基本可以確信，海昏侯墓出土竹書《論語》確係失傳一千八百年的《齊論語》。海昏侯墓《論語》新章節的出土，更新了我們對這本延續幾千年之久的古籍的認識。

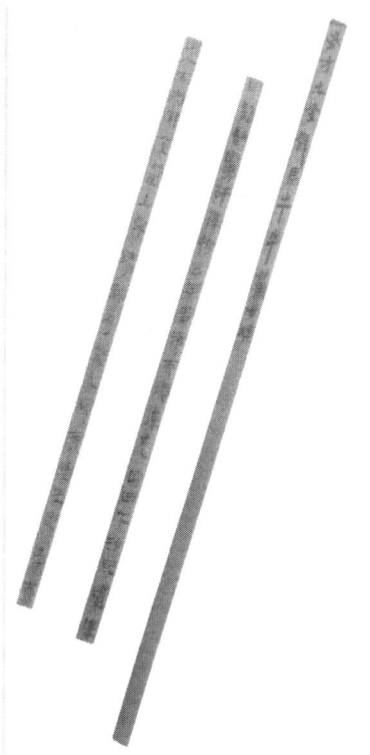

長沙馬王堆出土的漢代竹簡

方塊字的演變

方塊字的演變

　　文字是印刷的主要對象，文字的規範和廣泛使用是印刷術產生的重要條件。我們前面介紹過的甲骨文以及青銅器金文等字體屬於古文字階段。

　　先秦時期戰事不斷，各諸侯國爭霸中原，文化上百家爭鳴，篆書在各國逐漸發展出不同形態。直到秦漢時期，全國統一，文字也向規範化發展，並開啟了漢字史上第一次重要變革——隸變。在日常使用中，人們為了方便快速，在書寫時逐漸省略一些筆畫，將複雜的篆體進行了改寫，點滴的形變不斷累積，漢字字體完成了從篆書到隸書的過渡，從古體字進入了今體字的階段。

　　東漢末年，開始了漢字發展史上最後一次大變革——楷書出現了。三國時期書法家鐘繇的書法作品〈宣示表〉和〈賀捷表〉，被認為是現存最早的楷書。魏晉南北朝時期，楷書已達成熟，造就了王羲之等一大批書法名家。至此，漢字字體完成了由繁到簡、由隨意到規範、由圓到方的不斷變化和發展。楷書是漢字演變出的最簡化、最規範的字體。印刷術初期所用的字體以及唐宋時代的大量雕版印刷品的字體都是十分規範標準的楷書字體，很多印本書的字體都是仿唐代

漢字書體演變圖（引自《中國古代印刷史圖冊》）

第一章　起源篇

名家的楷書。

　　中國漢字發展成橫平豎直的方塊字,有著清晰的脈絡,流傳數千年,是世界上唯一使用至今的古老文字。

延伸閱讀

《說文解字》

　　隸變是漢字發展過程中一次非同凡響的變革,從篆書到隸書,差異甚大,結構變化明顯,隸、楷發展出的特殊寫法的偏旁結構已很難看出篆書的痕跡。但是,我們今天依然可以識讀篆書,甚至更早的金文、甲骨文等古文字,有一部叫做《說文解字》的書功不可沒。

　　《說文解字》是中國歷史上

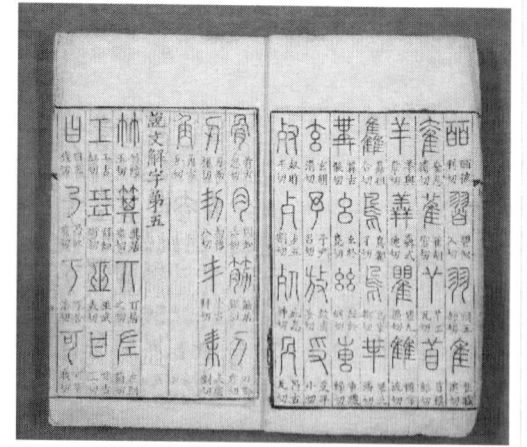

說文解字書影

第一部分析字形、辯識聲讀和解說字義的字典,收字九千三百五十三個,重字一千一百六十三個,共一萬零五百零六字,由東漢許慎所著。當時的社會文化背景正是古文經與今文經之爭的激烈時代。經過秦始皇「焚書坑儒」,很多先秦的儒家經典就此焚毀。到了漢朝,官方推崇儒學,開始鼓勵大家集思廣益,並從民間收集經典書籍。一些儒學家憑記憶口述,用當時逐漸隸化的文字記錄並流傳於世的經典被稱為今文經。而那些用先秦文字寫就的,藏於民間的,比如孔子居住房屋的牆壁中發現的經典被稱為古文經。今、古文之爭不僅是學術上的爭論,也是政治流派之爭。許慎是古

文經派的代表人物，《說文解字》也是他闡述學術和政治觀點的一部著作。

　　《說文解字》以小篆作為研究主體，按五百四十個部首進行排列，開創了部首檢字的先河。以六書（象形、指事、會意、形聲、轉注、假借）進行字形分析，收錄了漢字形體的多種寫法，除當時的篆文外，還有籀文、古文等異體寫法。而且，許慎十分注重本義的研究，保留了很多古文字的原始涵義，反映了上古漢語詞彙的面貌。《說文解字》是隸書反推篆書、籀文等古文字的橋梁，對古文字字形和本義的解釋，成為我們考證和認讀甲骨文、金文等漢以前文字的依據。《說文解字》是語言文字學的寶庫，在漢字發展史和研究史上有著承前啟後、繼往開來的重要意義，為漢字研究提供了寶貴的古文字資料。

第一章 起源篇

妙筆演變

戰國毛筆（複製品）

　　毛筆是中國古代主要的書寫工具，一直延續至今的書法藝術、國畫技藝等也是基於毛筆而產生的。古代文人從不掩飾對毛筆的喜愛，對他們來說，筆墨紙硯是謀生工具。筆產生的年代久遠，新石器時代陶器上的一些圖案花紋就有筆鋒的痕跡，甲骨文在刻字之前有時候也會先用筆墨將卜辭寫於甲骨之上。

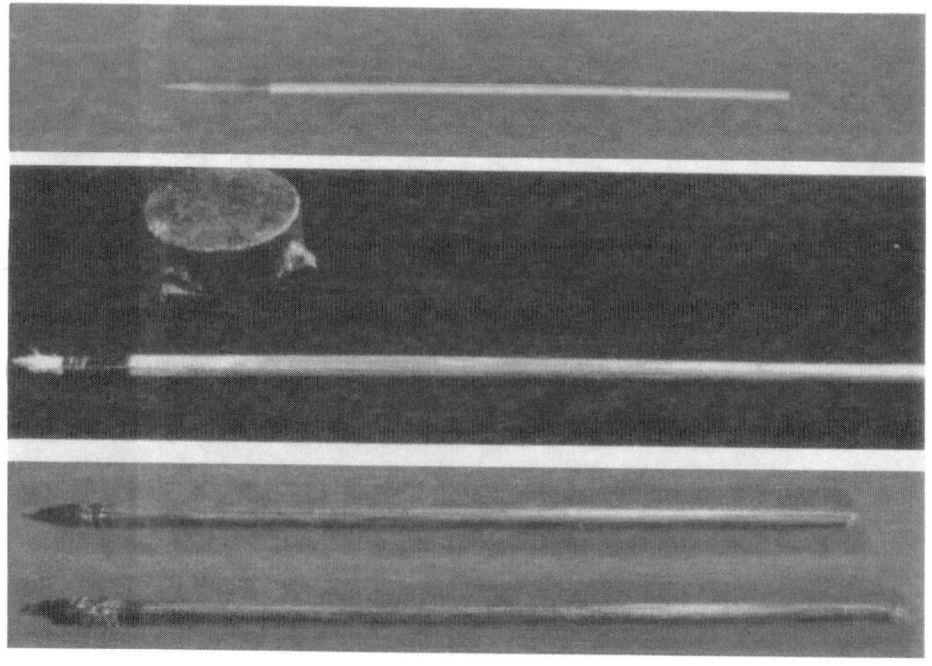

古代的毛筆（引自《中國古代印刷史圖冊》）

妙筆演變

　　隨著文明的發展、書寫載體的改變、製墨技術的進步，毛筆也隨之不斷改良。秦漢時期，毛筆的形制基本確立，東漢時期還出現了張芝、韋誕這樣自製筆的文人。張芝製的筆被讚為「伯英之筆，窮神必思」，在魏晉時期一直是名品，深受文人喜愛。隨著紙張的全面普及，毛筆的製作也愈加精細，使用範圍不斷擴大。隋唐五代時期，科舉制度確立，書法盛行，文教發達，文人對筆的需求增大，且對筆的選用更加講究，因而製筆業快速發展。

　　唐朝詩人齊衛的〈送胎髮筆寄仁公詩〉中，有「內為胎髮外秋毫，綠衣新裁管束牢」的詩句。唐代白居易著有〈雞距筆賦〉，形象的描寫了雞距筆筆管圓直、選料精良、筆鋒犀利的特點，因其形如雞的足距而命名。這些記載反應了當時文人對毛筆的喜愛。唐代還有一位製作雞距筆的高手名叫黃暉，有詩稱讚他製的筆「鋒芒妙奪金雞距，纖利精分玉兔毫」，用金玉來比喻毛筆，可見其品質之高。不過到了晚唐，雞距筆的地位有所動搖，這是毛筆因實用和便捷而不斷改善形制的結果。書法大家柳公權就曾提出雞距筆有「出鋒太短，傷於勁硬」的缺點，他的言論對後世影響較大。有心筆開始向無心筆轉變，北宋散卓筆逐漸取代了雞距筆的主導地位。散卓筆是一種無心筆，沒有筆芯柱，而是直接用較短毛料支撐筆形，出鋒長且柔軟。毛筆四德之「齊、尖、圓、健」，開始作為毛筆鑑賞的標準，指的是毛筆的外形和品質，概括了好的毛筆需要達到的在選料、做工、形態方面的要求。

第一章　起源篇

> **延伸閱讀**
>
> ### 「蒙恬造筆」
>
> 　　相傳，秦始皇的得意將領蒙恬是製作毛筆的祖師爺。據說蒙恬是用枯木作為筆桿，鹿毛和羊毛兩種毛作為筆頭，筆由此被創造出來，稱為秦筆。然而，我們從考古發現可以知道，「蒙恬造筆」顯然只是個傳說，也有可能蒙恬對筆進行過改良。在「蒙恬造筆」之前，中國已經有毛筆，在多處戰國墓都出土過毛筆，出土的秦漢以來的毛筆已有固定的制式，配有筆套，筆桿為竹製或木製，一頭削尖，可當髮簪插在髮髻上，便於攜帶使用。毛筆的筆毛多以兔毫為主要原料。兔毫又以趙國毫為最佳，趙國位於今天的河北省境內，地勢平坦，草料精細，因而兔子長得肥碩，毛長而利，更加適合製造兔毫筆。

千年墨香

墨是印刷必不可少的原材料之一，它產生的年代非常久遠。早期的墨取自天然的動植物和礦物質。人們用墨在陶器上繪製圖案，有些甲骨文也是先用墨將文字寫於甲骨上的。隨著文字的成熟和文明的發展，天然墨已經不能滿足生產和生活所需。人造墨開始登上歷史舞台。傳說，周宣王時期有個叫邢夷的人，很擅長繪畫。有一天，他在溪邊洗手，看到溪水中飄來一塊松炭，便隨手撈起來，卻發現手被松炭染黑了，於是把松炭帶回家研究。他先是將松炭搗碎，用水和之，發現確實可以使用這汁水寫字，只是不方便攜帶。後來，邢夷想到了將松炭粉和鍋灰等與軟糯的粥飯混合著攪拌，效果果然很好，可以用手捏成或圓或扁的黑色墨塊，之後將其晒乾，要用時只要再加一點水磨一下，就可以用來寫字和作畫了。邢夷把這種黑色條塊稱為「黑土」，後來又將兩字合併造出了「墨」字。

松煙製墨圖

清晚期揚州製松煙墨

邢夷造的這種墨類似於中國古代最早的人造墨——松煙墨。先秦典籍《莊子》中關於人造墨的記載——「舐筆和墨」，意思是說將筆沾溼理順，倒水研墨。這時期的墨沒有製成錠，而只是作成小圓塊，它不能用手直接拿著研，必須用研石壓著來磨。這種小圓塊的墨又叫墨丸。湖北省雲夢縣睡虎地秦墓中就出土了墨塊，一塊石硯和一塊用來研磨的石頭，石硯和石頭上還殘留有研磨的痕跡，並且遺留著殘墨，印證了古籍的記載，也是我們發現的現存最早的人造墨。到了東漢，墨的形狀從小圓塊改進成墨錠，經壓模、出模等工序製成，可以直接用手拿著研磨。從此，研石就漸漸絕跡了。

三國時期曹植在〈長歌行〉詩中曾說「墨出青松煙」，說明這個時期松煙墨得到進一步發展。松煙墨濃墨無光，質細易墨。一直到宋朝盛行油煙墨之前，松煙墨一直在古代製墨史上占據著主導地位。《齊民要術》是現存最早記載了製墨配方的書籍，這份配方來自三國時期魏國的製墨大家韋誕。韋誕在書法上頗有造詣，還喜歡自己動手製筆和墨，尤其對製墨工藝貢獻重大，

千年墨香

有「仲將之墨,一點如漆」的美譽。據說,在洛陽三都宮觀建成時,魏明帝命令韋誕題字,韋誕就認為「御筆墨皆不任用」,意思是說皇帝賜的筆和墨都不好用,他認為一定要用張芝做的筆、左伯造的紙和他自己自製的墨才能寫出好字。根據《齊民要術》的記載,韋誕製的墨的配料中有珍珠、麝香等材料,既有防腐劑,又有香料,用料講究,工藝成熟,在製墨工藝史上占有重要地位,是對後世影響極大的一份配方。韋誕之後,很長時間內書寫和印刷所用的墨都是使用這套技藝製作的。

中國墨製作精良,製墨名家輩出,不僅是書畫、印刷的必需品,還兼具藝術價值。古代有御墨、貢墨,專供皇家使用。一些大戶人家或文人墨客還會自己製墨,名家墨會屬上名款,作為收藏或禮品流傳。宋代大文豪蘇東坡就喜歡收藏墨,對同時代湧現的一批製墨名家讚賞有加,對於墨有自己的一套鑑賞方法。喜歡發明創造的他多次自己實驗造墨,在貶謫海南期間,有一次造墨時不小心燒了房屋,這些墨也被他戲稱為「海南松煙東坡法墨」。宋代以後,由於原材料難以為繼,松煙墨在和油煙墨並存了一段時間後,逐漸被油煙墨取代。油煙墨以桐油等作為主要原料,屬於可再生資源,傳統製墨工藝也得以延續至今。

第一章　起源篇

蔡倫造紙

蔡倫像

　　我們一直為燦爛而輝煌的中華文明而自豪，先人以其創新的精神，創造了無數領先於世界的重大發明創造。造紙術是其中最為重要的一項發明。紙張更便於書寫，書籍也因此變得更為輕巧，極大推動了教育的發展和人類文明的進程。若是沒有紙張，就沒有我們如今的印刷術。

　　蔡倫是東漢初年的一個宦官，才學出眾，很受皇室信任和重用。漢和帝在位時，蔡倫升遷為侍從天子的中常侍，後又升任尚方令一職。尚方是一個主管皇室製造業的機構，集中了天下的能工巧匠，代表了那個時代製造業的最高水準。我們常聽到的「尚方寶劍」就是尚方製作的寶劍，後來成為最高權力的象徵。蔡倫在掌管尚方期間表現出了在工程製造領域的驚人天賦，其個性和才能都得到了充分的展現。他主持製造的刀劍等武器全都精密牢固，達到了很高的工藝水準，之後很長時間內被後世沿用並成為品質的象徵。

　　蔡倫非常善於思考，當時用來書寫信件、文書等使用的不是笨重的竹簡，就是昂貴的縑帛，十分不便，於是他下定決心要發明更加輕便、實用的書寫材料。經過多方調研和反覆試驗，他最終用樹皮、麻布、舊漁網等廉價材料經過多道工序製造出了「紙」。元興元年（西元一〇五年），蔡倫向漢和帝獻紙，漢和帝大為讚賞，從此朝廷內外都開始推廣使用這種先進的書寫材料。九年後，蔡倫被封為龍亭侯，於是人們便把蔡倫製造的這種紙稱為「蔡侯

蔡倫造紙

部分紙漿原材料

紙」。蔡倫造紙之前，中國已有一些紙。然而，那些紙張質地粗糙，書寫功能極為不佳。蔡倫製造的紙兼具取材廉價、來源廣泛和輕薄柔韌的特點，是真正意義上具有書寫功能的紙張。他的創造是人類歷史上極其重要的一項發明。後來，造紙術沿著絲綢之路經過中亞、西歐向整個世界傳播，對世界文明的傳承和發展做出了不可磨滅的貢獻。

延伸閱讀

紙道四德──儉、韌、謙、和

紙是文房四寶之一，種類繁多，自古以來都是十分重要的文化元素。「紙壽千年」，相比現代機械製紙，傳統的手工造紙生產的紙張質地更加柔軟，用料純淨環保，能比機製紙保存更長的時間，因此許多古書、古畫保存至今依然完好無損。

中國印刷博物館特聘專家龍文認為紙道有四德──儉、韌、謙、和。「儉」是紙張發明的目的，也是紙的特性。造紙所用的原材料是再生性很強的草本植物、麻類和竹類植物，這些材料決定了紙張「儉」的特性。「韌」是紙的另一特性，看似柔弱的紙張，卻有著堅韌的品性，承墨承印，流傳

第一章　起源篇

千年,是堅韌不拔的優秀品格的展現。「謙」是說紙作為書寫、繪畫等文化藝術資訊的載體,甘為配角,不凸顯自己,謙遜有禮。「和」是指紙的中和之道,筆墨在紙上表現出流動、潤和的狀態,有著中和之道的氣韻。紙道的四德是華人十分推崇的優秀品德,可見紙在中華文化中的地位和豐富內涵。

造紙工藝流程圖

名牌紙與暢銷書

　　整個漢代仍以簡帛為主流,原因是當時的人們認為「紙輕簡重」,認為文章書寫在竹簡絲帛上或者雕刻在金屬、石料上才能流傳久遠,用紙張書寫則表示對人不夠恭敬。這種觀點到了東漢後期終於改變,文人、學者以及上層官員,對紙的態度都有所改變,紙的地位提高了,紙的使用也就更為普遍了。當時的上層人士對名牌紙尤其青睞。在東漢有個叫左伯的人,是造紙能手。人們稱讚左伯造的紙「研妙輝光」,意思是說,左伯紙紙面平滑,潔白純淨。當時的文人以擁有左伯紙、張芝筆和韋誕墨而倍感榮幸。東漢後期的

名牌紙與暢銷書

大學者蔡邕就喜歡用左伯紙來書寫文章。左伯紙一時風頭無量,名牌紙的效應也讓紙的使用更加普及。隨著製紙工藝的改良和進步,紙作為新興的書寫材料,其用量越來越大。東晉末年的豪族恆玄廢晉安帝後下令:「古代沒有紙所以用簡牘,並不是因為簡牘更顯恭敬。現在,都用黃紙替代吧!」至此,紙張得到了官方的認可。

與簡帛相比,物美價廉的紙張更方便人們抄寫、複製文章和書籍。西晉時期有一個叫左思的學者,費十年功夫寫成《三都賦》。當時,文壇名人皇甫謐看後擊掌叫絕,大加稱讚,並為之寫序文。因此,「豪貴之家,競相傳寫,洛陽為之紙貴」。「洛陽紙貴」這個成語就是形容當時人們競相抄寫《三都賦》,紙張供不應求,因而紙價上漲。

到了南北朝時期,簡帛基本上退出了歷史舞台,紙張的普及孕育了印刷術誕生的基礎。

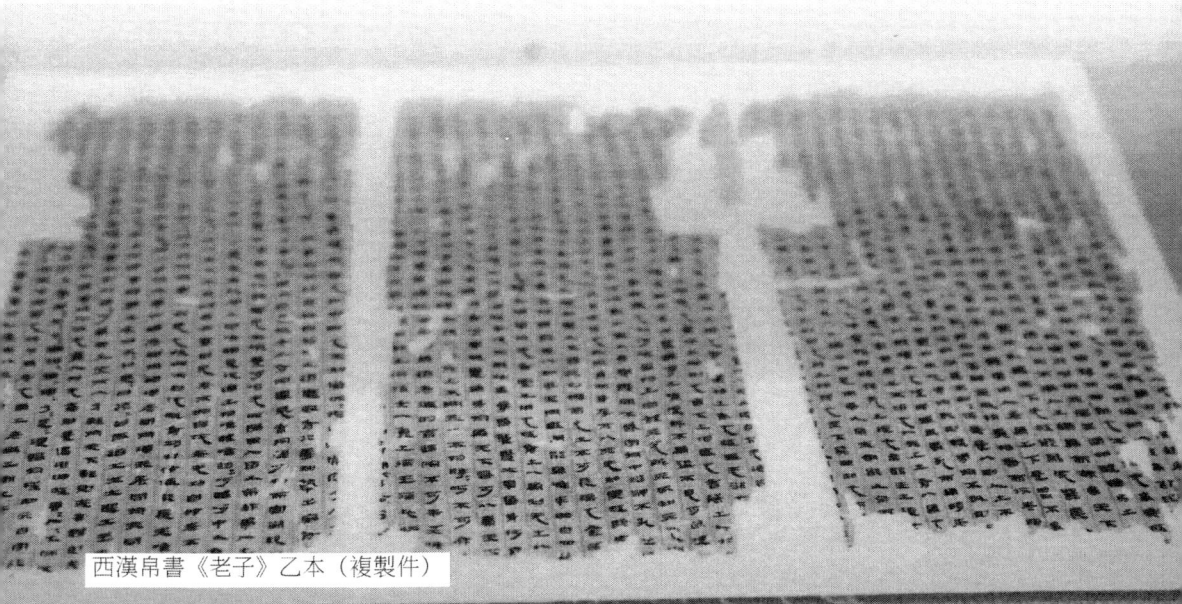

西漢帛書《老子》乙本(複製件)

第一章　起源篇

方寸之間的歷史傳承
——印章

在國畫和書法作品上，藝術家通常都會在落款處印上一方小小的紅印，印章的風格多樣，為書畫作品增添了獨特的美感，同時又是作者身分的標誌，一些收藏家也會在書畫作品上加蓋自己的印章以示鑑賞收藏過。這些印章製作非常講究，集書法、篆刻、選材的藝術性於一體。我們常見的公章、合約章、發票章等還代表了權威證明和法律效力。你知道嗎，印章的這些功能都是從古代延續至今的。殷墟出土的青銅印章便顯示了印章的悠久歷史，而印刷術的出現可能就是源自這些方寸之間的小小印章。

東晉時，有一位著名的煉丹師葛洪，他一生潛心向學，懸壺濟世，相傳最後得道成仙。葛洪遺世的著作《抱樸子·內篇》中記載了一件事，說是道家佩戴有一種驅邪的「黃神越章之印」，「其廣四寸，其字一百二」。這種面積較大、文字容量較多的印章，與雕版印刷術

印章

方寸之間的歷史傳承——印章

的雕版已經十分相似了。這一塊印章只要上了墨進行印刷，就是一篇小小的文章。

印章的發展對中國印刷術的出現產生了重要的影響，尤其是印章上的文字都是反字，這一特點直接為後世的雕版印刷術所吸收。

《抱樸子·內篇》中有關印章的記載

延伸閱讀

古老的保密術——封泥

流行於秦漢時期的封泥又叫做泥封，是一種印章的印跡，作用是防止其他人私拆信件。相傳在秦始皇的咸陽宮裡，有一處名叫章台的中台。秦始皇不僅白天在此批改奏章、裁決重大案件，晚上還在此讀書學習，從中央到地方的各類奏章都彙集到了這裡。一本奏章就是一捆竹簡，為了保密，上奏官員要將竹簡捆好並糊上泥團，再在泥團上壓上自己的印章，然後放在火上燒烤，使其乾硬。奏章被送到章台時，值守吏要呈送給秦始皇親自驗查，若封泥完好無損，則說明奏章未被他人私拆偷閱，然後秦始皇才敲掉封泥進行御覽。封泥對簡牘、公文和函件起到了很好的封存、保密作用。現存最晚的封泥出自晉朝，因為晉朝時紙已普遍流行，封泥也完成其使命，從歷史的舞台上功成身退了。

長沙馬王堆出土封泥

第一章　起源篇

早期的複製技術
——拓印

　　紙張出現之後，從漢朝到南北朝時期，中國的教育逐步得到發展，越來越多的人想要讀書，學者會想盡辦法去借閱、抄錄或者購買自己心儀已久的圖書。然而，有的書存世量很少，購買不到，學者只能費盡心力去抄寫。然而，抄書時間漫長，並非一朝一夕就可以完成，學者開始思考怎麼做才能快速複製一本書上的內容。雕版印刷術是一種方法，然而要到隋唐時期才出現。當時，不少重要的資料會記錄在石刻上，如何複印石刻文書這一寶貴的學術資源，成為當時學者所思考的一大難題。

東漢熹平石經殘片（複製品）

早期的複製技術——拓印

石刻是古代人常用的一種透過記錄文字、圖案來傳遞資訊的方式。先秦時期還沒有固定形制的石刻，人們在天然或略加修整的石塊、崖壁上雕刻文字，石鼓文就是其中的典型代表。石鼓文因將文字雕刻在形狀像鼓一樣的石頭上而得名，發現於唐初，共十枚，記錄了歌頌君王在田野間狩獵、捕魚的故事，字體為大篆，是非常珍貴的篆書書法資料。漢代以後，形成了有固定形制的石刻樣式，稱為碑，是現代最常見

漢代《二十四字漢磚》拓片

的一種石刻形式，有墓碑、記事碑、功德碑、典籍刻碑等。比如東漢末年立於河南洛陽太學的儒家經典石刻碑文——熹平石經。東漢時期，漢靈帝為了維護其統治地位，下令校正儒家經典著作，派蔡邕等人把儒家七經抄刻成石書，一共刻了八年，刻成四十六塊石碑，每塊石碑高三公尺多，寬一公尺多。太學就是當時的國立大學，所以人們又稱這部書為《太學石經》。熹平石經是中國歷史上最早的官定儒家經本，引發了許多人的抄寫，作為官方儒學的標準，全天下的讀書人都想一睹其芳容。

為了更快複印石刻上的內容，人們發明了拓印技術。拓印的工藝方法是，將紙張用白芨水浸溼，鋪於石碑表面，用刷子在紙面上輕輕敲打，使紙的纖維凹入文字筆畫之內，待紙略乾後，用拓包均勻的在紙上施墨，施墨時必須由輕而重，逐漸施到一定濃度，紙面上就呈現出清晰的黑底白字。揭下後，

第一章　起源篇

一件拓印品就完成了。

　　拓印技術最早應用於碑刻的拓印，後來發展到可以對所有呈凹凸反差的器物的文字和圖形進行拓印。今天我們看到的甲骨文、青銅器銘文等，很多都是透過拓印而取得的。一直到現在，這種工藝還在被使用。

　　古代不少石刻文字和青銅銘文，其原器物早已失傳，而拓印件卻保存下來。拓印使很多書法作品得以廣泛傳播，對書法普及具有不可估量的作用。在古代，人們為了推廣書法藝術，也曾採用刻字拓印的方法複製著名書法作品。

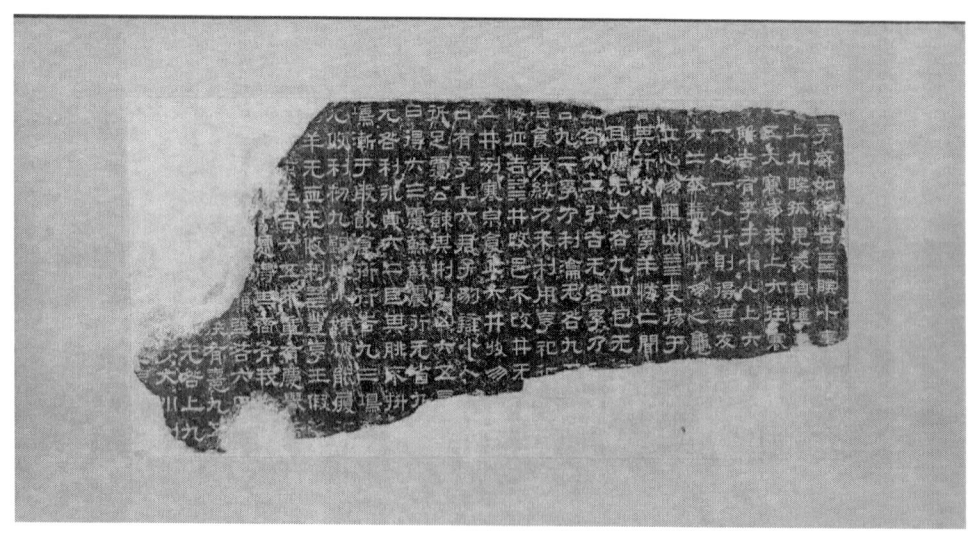

拓片

　　拓印與雕版印刷術已有很多相似之處，它們都需要具備原版、紙、墨這些條件，目的都是批量複製文字和圖像。不同的是，碑刻文字是凹下的陰文，而雕版的印版是凸起的陽文，碑刻拓印品為黑地白字，雕版印刷品為白地黑字。這種複製圖文的方法，無疑為雕版印刷術的發明提供了寶貴的經驗。

隋唐讀書熱和佛教熱

在隋文帝時，政府廢止過去的九品中正制，改為科舉取士。科舉制度的推行，為普通百姓透過考試進入仕途開啟了通道，使大批平民子弟加入讀書的行列。社會上便出現了一批以抄書為職業的人，抄寫的圖書多為社會需求量大的經史、詩集及啟蒙讀物。官方藏書也大量增加，政府設有專門機構，經常僱傭一批擅長寫字的人抄寫書卷。隋文帝時期，京都洛陽皇家圖書館的藏書已達八萬九千多冊。教育興盛，文化繁榮，讀書人的數量大增，手抄書卷已經無法滿足人們對書籍的大量需求，開拓更快更多複製書籍的願望日益迫切，這股讀書熱對印刷術的發明起到了推動作用。

唐人寫經殘卷

前言

　　此外，隋唐時期佛教大興，上至君主，下到平民百姓，人人都愛念佛，對經書的需求量較大。佛教教義宣稱，大量抄寫佛經是求得佛祖保佑的重要途徑之一。不少僧侶、信徒大量抄寫經文，並臨摹佛像，甚至僱傭專門抄寫佛經的經生來抄錄經文。佛教的傳播熱潮，促使了社會對佛經複製的大量需求，推進了印刷術的發明和發展。

　　隋末唐初，印刷術在這樣的社會背景下應運而生。印刷術是人類歷史上最偉大的發明之一，是人類共同的財富，被世界人民稱為「來自東方的智慧之光」。印刷術發明後很快得到推廣和應用，並向全世界傳播，使書籍的生產方式發生了大變革，加快了社會文明的進程，被譽為「文明之母」。

唐代寫經紙

第二章 雕版篇

第二章　雕版篇

從中國大地上有文化的傳播活動到隋唐以前，這漫長的幾千年裡，圖書的複製都是在緩慢、原始的進行。雕版印刷術出現之後，圖書的複製便進入了批量化的時代，一套雕版可複製成百上千本書，這是中國印刷技術史上第一座里程碑。雕版印刷術發展至宋代達到了巔峰，雕版印刷的書籍版式、字體、用紙、用墨和裝幀形式等都有了較大的發展，並形成了中國獨特的書籍審美文化。元、明、清時期對宋代雕版文化進行繼承和發揚，人類文化思想的傳播也由此進入了一個全新的時代。

雕版及印刷工具

敦煌莫高窟藏經洞的發現

　　一九〇〇年七月十二日，住在莫高窟的當家道士王圓籙無意間在十六號洞窟中發現了從西晉到北宋的五萬多件經卷、文書和繪畫，大約是北宋中期有人為避亂而將其封藏於洞中的，這個洞被稱為藏經洞。

　　當年，敦煌莫高窟一片殘破，無人看管，洞窟大多倒塌，一片破敗景象。經濟蕭條，地域荒涼，人們生活困難。由於香客稀少，只有幾個僧人活動，而這些僧人並無看管洞窟的意識。看到神聖寶窟無人管護，並且受到嚴重的自然和人為破壞，王道士自覺自願的擔當起「守護者」的重任。他四處奔波，苦口勸募，省吃儉用，集攢錢財，用於清理洞窟中的積沙，僅十六號窟的淤沙清理就花費了近兩年的時間。

　　王道士在清理出十六號窟後，僱敦煌貧士楊果為文案。楊果在十六號窟甬道內發覺有空洞回音，懷疑有密室，就將此事告訴了王圓籙。於是到夜深人靜時，兩人悄悄來到壁畫前，把牆壁扒開。隨著塵土逐漸散去，兩人驚訝的看到，從地面一直堆到房頂滿滿的經卷文書和各種佛像文物。

敦煌莫高窟（鐘黎攝影）

敦煌莫高窟（鐘黎攝影）

敦煌莫高窟藏經洞的發現

敦煌發現藏經洞的事情，不僅在中國傳開，而且傳到了外國人耳中。從此，西方探險家開始了瘋狂的破壞性掠奪。首先是英國人馬爾克・奧萊爾・斯坦因（Marc Aurel Stein）。一九〇七年，斯坦因來到莫高窟，從王道士手中騙走二十九箱珍貴文物。其中，唐咸通九年（西元八六八年）雕版印經《金剛般若波羅蜜經》是中國現存最早的標有明確刊刻日期的印刷品，被斯坦因盜至英國，現收藏於英國國家圖書館。

隨後，敦煌的名聲越來越大，被英、法、俄、日等國劫購的大量早期佛經版畫件件堪稱國寶，至今流藏域外，其中隱藏著佛經版畫的歷史全貌，我們期待著這部分敦煌經卷能夠早日公諸於世，為佛經版畫的研究提供更完整的素材。

延伸閱讀

敦煌遺書，又稱敦煌文獻、敦煌文書、敦煌寫本，是對一九〇〇年發現於敦煌莫高窟十七號洞窟中的一批書籍的總稱，是西元二世紀至十四世紀的古寫本及印本，總數約五萬卷，其中佛經約占九成，目前分散在全世界，如大英博物館、法國國家圖書館、俄羅斯科學院聖彼德堡東方研究所等，一九一〇年入藏京師圖書館時只餘八千餘件。目前，中國國家圖書館藏有敦煌遺書一萬六千餘件，為該館四大「鎮館之寶」之一（另三件分別為永樂大典、四庫全書和趙城金藏）。

敦煌遺書主要有卷軸裝、經折裝和冊子裝，還有梵夾裝、蝴蝶裝、卷軸裝和單張零星頁等形式。從字跡看，可分為手抄和印本兩種，其中以抄本居多。大量的經卷由專職抄經手手寫而成，字跡端莊工美。早期的捺筆很重，頗帶隸意，唐以後的抄本以楷書為主。雕版印刷品雖數量不多，但均是中國也是世界現存最早的印刷品實物，其中以唐咸通九年雕印的《金

第二章　雕版篇

剛經》最古。此外，歸義軍曹氏時代雕印的佛經，來自長安、成都的私家印本曆日，敷彩印本佛像等，均係印製而成。

　　從書寫用筆看，早期均由毛筆書寫，西元八世紀末後，因敦煌一度和中原王朝中斷聯繫，當地人開始用木筆書寫。至於大量的官私檔案等，則因用途不同而形制各異。西元九世紀以後，出現經折裝、冊子本和木刻印本，在中國乃至世界書籍發展史、版本史、印刷史、裝幀史上都是十分難得的珍貴實物，具有很高的學術價值。除大量的寫本之外，還有拓印本、木刻本、刺繡本、透墨本、插圖本等多種版本。

佛經版畫
——中國雕版藝術的一朵奇葩

　　在中國版畫藝術發展史上，佛教的影響十分重要，雕版印刷術早期大量用於佛經佛畫的刻印，中國現存雕版印刷早期的產品，有不少佛教經像。由於佛經版畫對弘法傳教具有重要作用，宋元迄明清，凡刻印佛經，幾乎沒有不附佛畫插圖的。佛經版畫雕刻精細，構圖嚴謹，莊嚴素美，大多出於版畫名家之手，是中國雕版藝術與佛教文化共同澆灌出的一朵奇葩，具有獨特的審美和文化意蘊，並直接影響了明清時期蔚為大觀的木刻插圖，成為中國欣賞性版畫的鼻祖。

　　捺印佛像大約盛行於南北朝、隋唐時期，是利用了中國原有的印章及肖形印技術，即將佛像刻在印模上，依次在紙上輪番捺印。二十世紀初，甘肅、新疆等地發現了很多晚唐時期的捺印佛像，大多是圖像重複的千佛像。鄭如

佛經版畫——中國雕版藝術的一朵奇葩

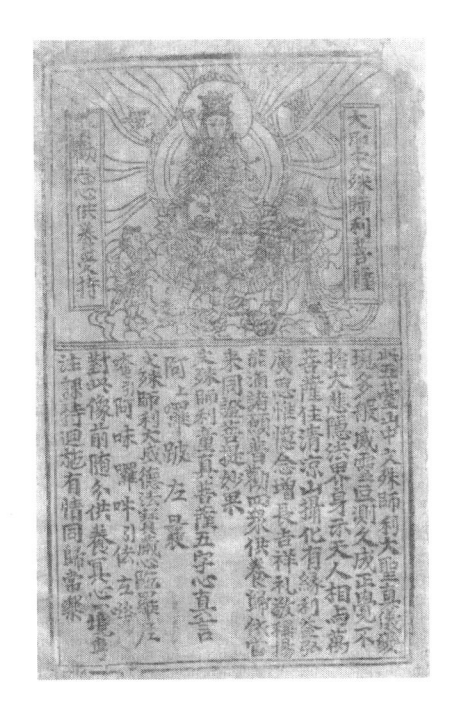

五代時期刻印上圖下文的文殊師利菩薩像　　五代時期刻印上圖下文的四十八願阿彌陀佛

斯、肖東發在《中國書史》中說：「這種模印的小佛像，標誌著由印章至雕版的過渡形態，也可以認為是版畫的起源。」很難說雕版印刷術與佛教孰為因孰為果，雕版印刷術一經發明，就被佛教寺院與信徒作為弘揚佛法的工具。雕版印刷方法實際上是由璽印的捺印法和石刻的拓印法發展而來。

據文獻記載，早在初唐時期，玄奘法師西行取經歸來，曾以回鋒紙大量刊印普賢菩薩像，分送信徒。所印普賢菩薩像今雖不存，但四川、甘肅、新疆、浙江等地有許多晚唐、五代時期的上圖下文形式的單葉印經印像傳世。

第二章　雕版篇

捺印千佛像

《金剛經》版畫

最早有明確記載的雕版印書
——《女則》

唐太宗的皇后長孫氏是歷史上有名的一位賢德皇后，她曾編寫一本書，名曰《女則》。此書是長孫皇后採集古代婦女（主要是歷代后妃）的事蹟，並加上自己的評注，用於時刻提醒自己如何做好皇后的一部評論集。宋以後，此書失傳。

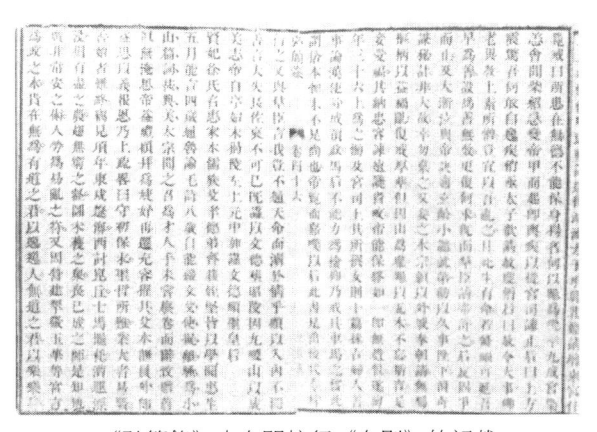

《弘簡錄》中有關梓行《女則》的記載

長孫皇后將歷代著名女子的言行摘錄彙集，並點評其得失，用現代的話來說，《女則》是一部第一夫人所著的、後宮版的《資治通鑑》。

長孫皇后去世後，宮女把這本書送到唐太宗面前。唐太宗看後慟哭，對近臣說：「皇后此書，足可垂於後代。」並下令把它印刷分發。

長孫皇后去世於貞觀十年（西元六三六年），《女則》的印刷發行年代可能就是這一年，也可能稍後一點，這是中國文獻資料中明確提到的最早的雕版刻印本。而雕版印刷術發明的年代一定比《女則》出版的年代更早。

第二章　雕版篇

唐宋時期的護身符
——《大隨求陀羅尼經》

　　如果生活在唐代，我們會發現，為求平安，普通百姓並不是隨身佩戴玉器，而是佩戴一卷經文，這卷經文就是《大隨求陀羅尼經》。《大隨求陀羅尼經》是佛教密宗經典，因其主要用來求願，因此自唐代起一直頗為盛行。「大隨求」就是「一切所求都如願」的意思，誦讀此經並將其隨身攜帶，便可以滿足一切願望，包括財富、健康、長壽，還可消除一切罪孽，死後前往極樂世界或者成佛，因而此經對世俗人士亦有很大的吸引性。目前，唐宋墓穴中發現了不少《大隨求陀羅尼經》，其中不少經文是在平民墓中出土的，說明此經當時在平民中的盛行。

　　敦煌千佛洞曾出土過一張保存十分完好的《大隨求陀羅尼經》，是西元九八〇年由施主李知順供奉，刻工王文昭雕刻的。圖畫的中央，一尊八臂大隨求菩薩盤腿坐於蓮花之上，手持各種法器，菩薩周邊有十九圈梵文咒經，如太陽光般放射出去，梵文咒經外有一圈由經幡等構成的裝飾帶。整副經文由兩位神托著置於蓮花池中，兩位神之間寫著二十一行漢文陀羅尼發願文，大致意思是佩戴此經能為菩薩庇佑，成善事，得清淨，不為鬼怪所害，不為病痛所擾，長久圓滿吉祥。最後標記了雕刻時間為西元九八〇年。在整幅畫的外緣，由金剛杵、八大天王、蓮花作為裝飾。蓮花上面印有不同的梵文，也許是用於增強此經的法力。這是迄今發現圖像和文字最為豐富的《大隨求陀羅尼經》。

　　自古以來，人們為祈求平安、遠離紛擾，做過不少的「探索」。從問鬼神，

唐宋時期的護身符——《大隨求陀羅尼經》

到祈求祖先,再到各種玉器、法器的加持在身。到了唐代,《大隨求陀羅尼經》出世,一方面很輕,另一方面透過印刷就可得到,並不費力,此種既輕便又具保護作用的經畫,可謂當時人們最佳的居家旅行必備之物。護身符的發展滿足了大眾的心理需求,然而要得平安,更多的是依靠自身的道德素養。素養所能形成的「法力」,將遠遠大於這一張張攜帶於身的經咒。

《大隨求陀羅尼經

第二章　雕版篇

迄今發現最早的雕版印刷《曆書》

　　曆書，古時稱為通書或時憲書，是按照一定的曆法排列年、月和日，並注明節氣的實用性工具書。曆書一般由政府頒發，公布來年的年號、節日和節氣，反映時間更替和氣象變化的客觀規律，指導農業生產，也作為政府公文簽署日期的依據。

　　在封建時代，曆書由皇帝頒布，所以人們又稱它為「皇曆」。據史書記載，唐太和九年（西元八三五年）就有木版刻印的曆書出現了，可惜無實物留傳下來。唐僖宗乾符四年（西元八七七年）刻印的《曆書》是迄今發現最早的雕版印刷曆書，現藏於英國國家圖書館。該曆書是敦煌曆書中內容最為豐富的一本，上面標注吉凶，用於指導生產和生活，其中的〈六十甲子宮宿法〉依次表列了從唐興元元年（西元七八四年）上元甲子開始到乾符四年共九十四年間每年的男女命宮，〈五姓安置門戶井灶圖〉告知如何相宅，〈洗頭日〉告知何日洗頭為吉，〈五姓種蒔日〉告知種禾、豆等作物的吉日等。該曆書內容十分豐富，對了解唐代的生活有著十分重要的意義。

　　唐宋時期，每年年末，皇帝把新曆書賜給文武百官，受賜者要上表謝恩。「皇曆」屬於「官方」曆書，歷代皇帝都很重視曆法的頒制，從唐朝起，各

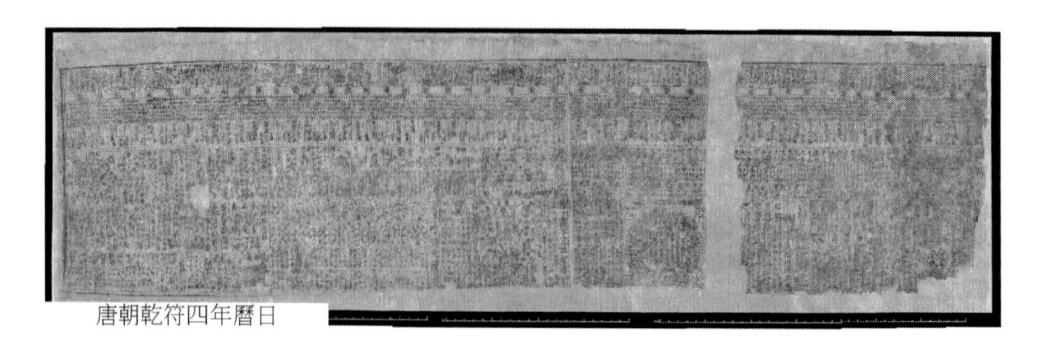

唐朝乾符四年曆日

代王朝對曆法實行嚴格的管理，曆書未經「御批」不准翻印。從這一點也可以看出，古代曆法一直以來都被天子所壟斷，是皇家的專享。

第一位著名私家刻印書籍者
——毋昭裔

五代時期，由私人出資進行印刷活動者以蜀相毋昭裔最為著名，他也可稱為歷史上第一個著名私家刻印書籍者。

毋昭裔年輕時家境貧困，熱愛讀書，經常向別人借書，但有時會遭到拒絕。於是，他發誓日後若有錢時，一定多印書，讓世間讀書人都有書可讀。後來，他當上蜀國宰相並實現了自己的誓言，開辦私家刻書坊。當時，蜀中經唐末大亂之後，學校皆已荒廢，毋昭裔自己出資營造學宮、修建校舍，使一度困頓的教育再度興盛。

據《宋史》記載，毋昭裔印的書有《文選》、《初學記》和《白氏六帖》等，均由他自己出資刻印。

毋昭裔像

第二章　雕版篇

儒家經典印刷的開創者
——馮道

馮道，五代十國時期的傳奇人物，一生經歷五朝十二帝。

馮道出身於一個耕讀之家，品行淳厚，勤奮好學，善寫文章，且能安於清貧。他平時除奉養雙親外，只以讀書為樂事，即使大雪擁戶、塵垢滿席，也能安然如故。

當時處於戰亂年代，能讀書的人並不多，馮道暗暗立誓，待他日後有能力之時，一定要大量印製書籍，提供給買不起書的人，因為只有國民的教育程度提高了，國家才能強盛起來。

馮道當了宰相之後，便主持國子監刻版印刷《九經》，這是中國歷史上首度大規模以官方財力印刷套書，世稱「五代藍本」。因此，馮道成為中國歷史上官刻儒家經典的創始人。

馮道像

雕版刻工雷延美

雕版印刷，從工藝技術上來說，主要包括寫稿、刻版和印刷三大工序。這三大工序的核心技術是刻版，而刻版需要刻工。可見，刻工對印刷術的發明和發展具有舉足輕重的作用。然而，由於中國古代重文輕工，致使從事印刷刻版工作的刻工及其業績難入經傳而失於記載。

刻工又稱「鐫手」、「雕字」、「刊字」、「雕印人」、「匠人」等，是古代雕刻書版的工匠手。不少古籍在每版的中縫下方（即下書口）都記有刻工的名字。

雷延美參與雕刻的經文

57

第二章　雕版篇

　　這些名字對於一般圖書來說,當初可能是為了計酬所留,同時便於主事者追究責任;對於特殊的圖書(如佛經、佛像等)來說,可能是為了積功德,故大都留下刊刻匠人的名字。

　　雷延美是中國目前可考的最早的雕版刻工,是五代時期木刻版畫手工藝人,曾雕刻「大慈大悲救苦觀世音菩薩像」,此像上圖下文,末署「匠人雷延美」,後來存於敦煌,只可惜已被法國人伯希和(本名保羅・佩利奧,Paul Pelliot)竊走。

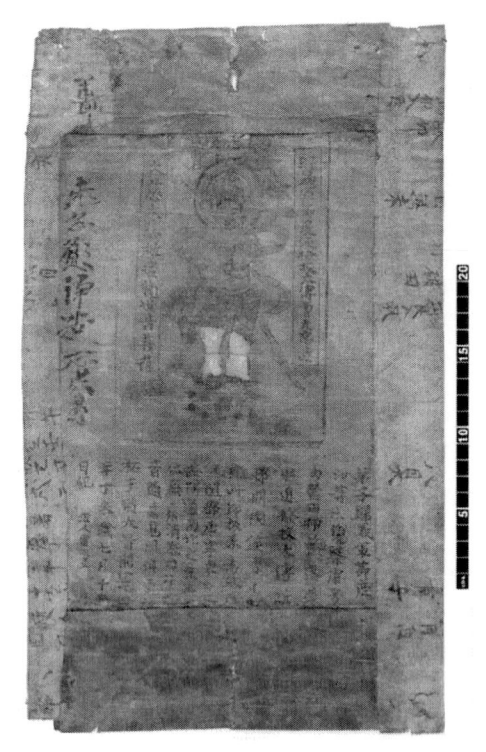

雷延美刻《大慈大悲觀世音菩薩像》

藏在雷峰塔磚縫中的經文
——《寶篋印經》

　　很多人最初知道雷峰塔,或許是因為《白蛇傳》這個民間傳說。其實,地處西湖的雷峰塔從未鎮壓過任何妖魔鬼怪。它是西元九七五年由吳越國王錢俶為祈求國泰民安而建,裡面藏了不少珍貴的文物。二〇〇一年,考古工作人員從中發現盛放佛祖「佛螺髻髮」舍利的阿育王塔一座。一九二四年雷

藏在雷峰塔磚縫中的經文——《寶篋印經》

峰塔倒塌之後，人們從部分塔磚中發現了五代時期吳越國祕藏千年的經卷《一切如來心祕密全身舍利寶篋印陀羅尼經》（簡稱《寶篋印經》）。

《寶篋印經》

《寶篋印經》經名雖長，但是在一千多年前的江南地區幾乎是家喻戶曉。當時，吳越國王錢俶聘請能工巧匠造八萬四千卷《寶篋印經》，置於雷峰塔，以祈求國運昌通。然而，最終還是在西元九七八年被北宋所吞併。

《寶篋印經》不僅在中國盛行，日本人也十分喜歡這卷經書。日本東京上野博物館藏有高麗（今北韓、南韓）於西元一〇〇七年刻印的《一切如來心祕密全身舍利寶篋印陀羅尼經》，該經書也是迄今發現的最早由韓國人民自己雕刻的雕版印刷品。這部《寶篋印經》與錢俶在杭州刻印的同名佛經在版式結構上幾乎沒有差別，應該是以吳越國經文作為底本，說明了中國印刷術對韓國印刷術產生的影響。

第二章　雕版篇

最早的紙幣
——交子

　　關於交子的故事，還要從唐朝講起。唐朝時的商業城市以揚州和益州（今四川成都）為兩個中心，安史之亂以後，北方的經濟地位下降，揚州和益州成為當時全國最繁華的工商業城市，經濟地位超過了長安（今陝西西安）和洛陽，所以當時諺語稱「揚一益二」。

　　據相關史料記載，從唐末開始，今成都雙流地區成為造紙中心。到了宋代，民間造紙業進一步發展，造紙作坊遍布全國各地，尤以雙流地區生產的

交子（複製品）　　　　　　　　交子印版（複製品）

楮紙名聞天下，為交子誕生奠定了物質基礎。此外，商品經濟的繁榮、雕版印刷術的發展以及古蜀人的智慧推動了交子的產生。

據史料記載，北宋初年，宋太祖趙匡胤為戰爭籌款，將四川鑄造的大批銅錢調運出川，使得川蜀地區銅錢奇缺。因此，民間交易多用鐵錢，而鐵錢的攜帶便成了一個大問題。鐵錢的價值與銅錢的價值基本上是一比十的比率。同樣一椿買賣，使用鐵錢交易，其個數要比銅錢多數倍，清點、保存、運輸上的負擔難以承受。買一匹布需要鐵錢約兩萬文，重達兩百五十公斤，不得不用車來裝載。

外地商人來川做生意，四川商人出川交易，都必須攜帶沉甸甸的大量錢幣，千辛萬苦奔走在崎嶇險峻的蜀道上，長久下去似乎不是辦法。於是，聰明的四川人有了辦法。大約在西元十一世紀，成都地區第一次出現了交子鋪，一種用楮紙刻印的票據——交子也由此產生。交子用雕版印刷，版畫圖案精美，三色套印，上有密碼、圖案、圖章等印記。

自此之後，交子作為中國最早出現的紙幣開始流行。

最早的廣告
——濟南劉家功夫針鋪廣告

印刷術是中國古代四大發明之一，有關印刷術的知識時常會出現在考試試卷之中，如有關畢昇泥活字的記載有時就會出現在歷史考試中。

有這樣一道題：宋代濟南劉家功夫針鋪印記，其上部文字為「濟南劉家功夫針鋪」；中部文字為「認門前白兔兒為記」；下部文字為「收買上等鋼條，

第二章　雕版篇

造功夫細針,不誤宅院使用,轉賣興販,別有加饒,請記白」。問題是讓考生在選項中選出該「印記」傳遞的準確歷史資訊。

考題中提到的宋代濟南劉家針鋪廣告,是中國歷史上乃至世界上最早的商品廣告,反映了宋代商品經濟的興盛。中國印刷工匠除了採用雕版印刷術印刷書籍、佛經之外,還將此技術運用在廣告製作方面。北宋濟南劉家功夫針鋪廣告雖短,但它在歷史學界、經濟學界尤其是廣告學界卻是大名鼎鼎。在這一則廣告中,居中採用白兔作為商標,一改以往門鋪廣告只有文字而不見商標的情況,透過圖畫形象使得顧客能夠更容易記住自己的店鋪。在這則廣告下方,放著極為簡易的廣告詞,表達了商店所銷售的針品質極好,量大從優,歡迎大家前來購買。

濟南劉家功夫針鋪銅版（複製品）

宋刻本《唐女郎魚玄機詩集》

　　中國古代才女輩出，身世坎坷又惹人伶的魚玄機正是其一。史書上有不少關於她的記載。相傳，這位奇女子姿色出眾，善思考，喜讀書，擅吟詠。與魚玄機同時代的皇甫枚在《三水小牘》中稱魚玄機「色既傾國，思乃入神，喜讀書屬文，尤致意於一吟一詠……風月賞玩之佳句，往往播於士林。」

　　目前所知傳世魚玄機詩共五十首，而南宋陳宅書籍鋪刻本《唐女郎魚玄機詩集》收入四十九首。這是最早的魚玄機詩文集，也是最全的魚玄機詩單行本。魚玄機為後世留下了不少經典詩句，其中「易求無價寶，難得有情郎」最為知名，從中也反映了魚玄機淒苦的愛情人生。明代文學家鐘惺在《名媛

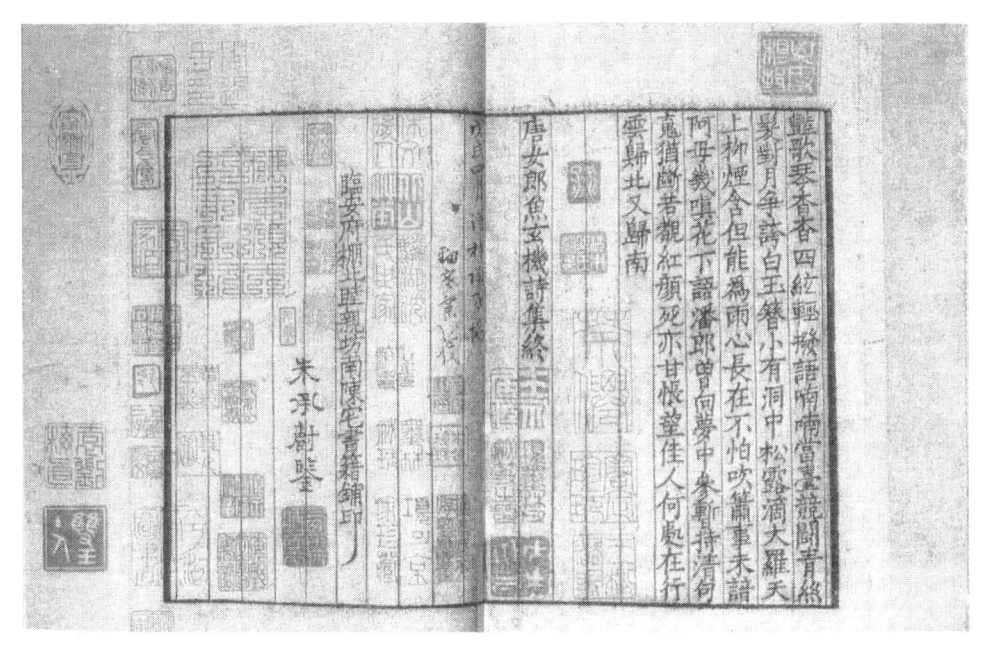

《唐女郎魚玄機詩集》

第二章　雕版篇

詩歸》中讚美魚玄機的詩作：「絕句如此奧思，非真正有才情人，未能刻劃得出。即刻劃得出，而音響不能爽亮……此其道在淺深隱顯之間，尤須帶有秀氣耳。」

魚玄機滿腹才氣，聲名在外。因此，有關魚玄機的話題一直很多。南宋陳宅書籍鋪刊刻魚玄機的詩集，也是為了招攬更多的生意。南宋陳宅書籍鋪刻本《唐女郎魚玄機詩集》，刀法精到，墨色晶瑩，字體似為歐體，刻印極佳，反映了宋代杭州地區的版刻風貌，是難得一見的版刻精品。陳宅，指的是陳起的宅院，其棚北睦親坊書籍鋪是當時杭州非常有名的書肆。陳起，字宗之，自稱陳道人。本人也工詩善吟，名揚於當世。此書卷尾鎸「臨安府棚北睦親坊南陳宅書籍鋪印」條記一行，為書刻於陳宅書籍鋪的直接證據。

最早的木版年畫
——金代平陽姬家雕印《四美圖》

金代時，刻書事業亦十分發達，官私藏書興盛。金代域內分十九路，其中刻書地點可考者有九路。金代官方還設立印造鈔引庫及交鈔庫印製鈔票，首創用絲織物印刷鈔幣。

《隨朝窈窕呈傾國之芳容》又稱《四美圖》，是金代以來平陽（今山西臨汾）地區流行的，以古代人物為題材，新春期間在房舍廳堂張貼，民間年畫性質的木版雕刻畫，是中國迄今所見最早的木版年畫。一九○八年，彼得‧庫茲米奇‧科茲洛夫（Pyotr Kuzmich Kozlov，俄國探險家、考古學家）將《四美圖》盜走。

最早的木版年畫——金代平陽姬家雕印《四美圖》

為何把此版畫稱為《四美圖》呢？這是因為畫中人物系四位美女和以畫幅標題顧名思義而得。窈窕，舊時用來形容女子美好的姿態，也指宮室而言。唐代喬知之〈從軍行〉（一作〈秋閨〉）中有「窈窕九重閨，寂寞十年啼」之句，即指美女居於宮室。傾國，指全國人都佩服、愛慕。《漢書・外戚傳》李延年歌：「北方有佳人，絕世而獨立，一顧傾人城，再顧傾人國。寧不知傾城與傾國，佳人難再得。」後人便用「傾城傾國」來形容絕色的女子。美女，也稱美人，美人是漢代妃嬪的稱號，自唐至明妃嬪中皆有美人名號。所謂「呈芳容」，就是說把容貌絕美、才華出眾的女子的形象顯露出來。這樣說來，《四美圖》中的人物當是各朝代宮室中的美女（或妃嬪），從四位人物的身分來看也正是如此。所以，把這幅畫稱為「四美圖」，就是這個緣故。

《四美圖》是中國版畫史上劃時代的作品。唐代以來，由於受宗教藝術的影響，宗教題材的壁畫（如佛祖、觀音、老君、火神的形象以及妖魔鬼怪、牛頭馬面等）充斥著寺廟和道觀，反映了人民的思想和藝術審美，這種意識也影響了木刻版畫。到了宋代，壁畫逐漸轉向由民間藝人操作，內容發生了顯著的變化。版畫藝人的思想率先衝破了唯心主義的束縛，進入了歷史唯物主義的境界，不再局限於宗教題材，轉向反映社會生活、寓教於樂的民間年畫新領域。《四美圖》可謂其中的代表作。

《四美圖》古樸典雅，裝飾性強，繁而不雜，別具風韻。其體裁、布局、格式與主題融洽和諧，富有當時、當地獨特的藝術風格和生活氣息。表現方式帶有唐代風味，線條舒展自如，流暢勁健，筆勢圓轉，服飾飄舉。褶紋稠疊不亂，衣帶緊窄瀟灑，頗有「吳帶當風」、「曹衣出水」之妙。人物豐肌厚體，優柔健美，分明是受了唐代婦女形象的影響。

第二章　雕版篇

> **延伸閱讀**
>
> 　　《四美圖》發現於西夏黑水城遺址的一座古塔中，同時被發現的還有一張《義勇武安王點陣圖》（俗稱關公圖）和一本金代平陽刻印《劉知遠諸宮調》唱本。為何平陽版畫會流落到千里之外的黑水城呢？我們不妨來看看西夏的歷史。
>
> 　　西夏是宋時党項羌族建立的政權，國號大夏，史稱西夏，占據今寧夏、陝西、甘肅西北、青海東北及內蒙古部分地區，最盛時割二十二州。西夏和遼、金先後成為與宋鼎峙的政權，與宋金經濟文化關聯極為密切，茶、麻、鹽、鐵交易頻繁，部分政治制度仿宋，漢文典籍也廣為流傳。由此看來，《四美圖》等很有可能是隨著漢文典籍流傳到西夏的。

最早的木版年畫——金代平陽姬家雕印《四美圖》

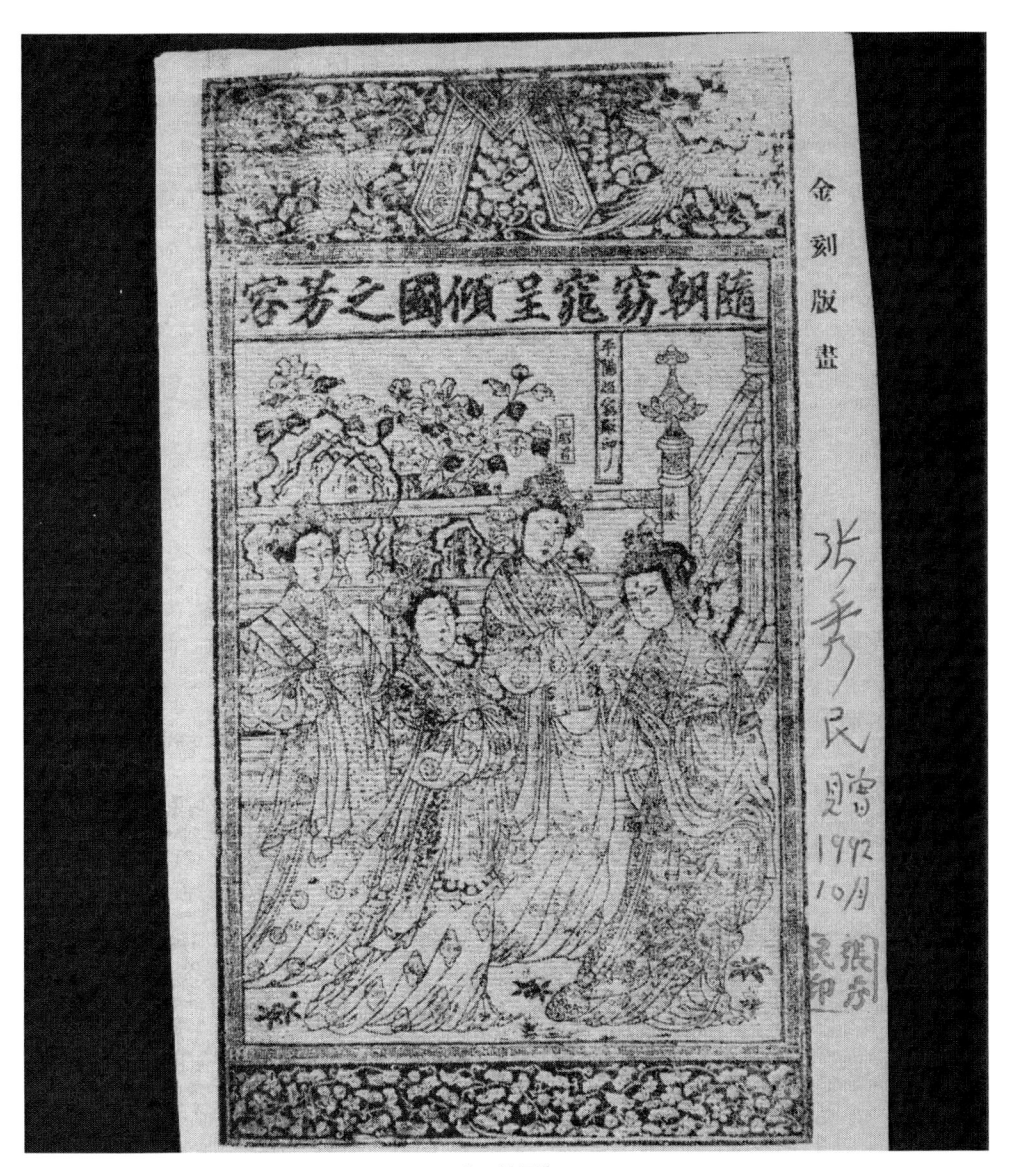

《四美圖》

第二章　雕版篇

最大的單頁雕版印刷品
——《大清國攝政王令旨》

　　在中國印刷博物館一層展廳，靜靜躺著一件珍貴的藏品──《大清國攝政王令旨》，又稱《安民告示》。該文物版心高五十公分，長一百六十七公分，全文六百八十五字，是由一整塊木雕版一次印刷而成，為已考證的歷史上最大的單頁雕版印刷品。《教育部國語辭典》中，「安民告示」一詞的解釋為「舊時藉以安定民心的政事布告」。早在西元前五一三年，晉國為了有效管理國家，將刑法的具體條款鑄於鼎上，公之於眾。西元前三五六年，商鞅在秦國

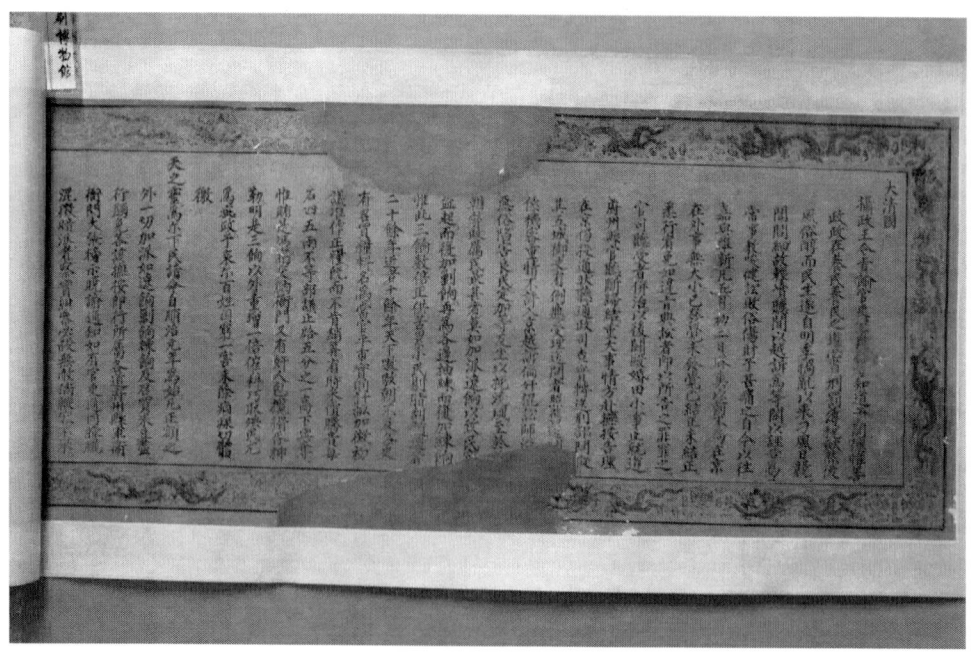

《大清國攝政王令旨》

變法時,為了取信於民,在咸陽城門前立柱一根,同時張貼通告,扛走柱者可得獎賞若干,之後果然兌現,從而樹立了政府法令的權威。在中國古代,有關軍隊或政權占領一城一地後,其首要大事往往就是及時張貼安民告示。告示的內容不外乎是向老百姓公開宣傳其政策和法令,呼籲勸導民眾擁護或接受新政權,以達到緩和社會矛盾、安定民心、建立社會新秩序的目的。

西元一六四四年,多爾袞率軍進入北京,實現了多年以來入主中原的宏願。清代定鼎初年,漢人如范文程、金之俊、洪承疇都入了內閣,因為清政府採取的是以漢人治漢人的方策。受大學士范文程的影響,多爾袞提出了「自今以往,嘉與維新」的建國方略,這就是此安民告示的由來。在此安民告示的末行標注有「順治元年七月初八日」,即是此令的頒布日,但並非民間真正的發布日期,直到七月十七日才在京內外統一張榜貼示。

龍藏雕版

雕版印刷術運用以來,極大推動了經文書籍的出版效率。為弘揚佛法,歷代王朝都會安排大批高僧、工匠刻印佛教典籍叢書《大藏經》,透過弘揚佛法,導人向善。自北宋政府開始雕版第一部大藏經《開寶藏》起,歷代政府都會組織刊刻新的大藏經版本。

《龍藏》是中國封建王朝最後一部官刻漢文大藏經,也是目前最完整的漢文大藏經。它得名《龍藏》,因為是奉雍正皇帝御旨而雕刻,每卷首頁均有雕龍萬歲牌。《龍藏》始刻於清雍正十一年(西元一七三三年),完成於乾隆三年(西元一七三八年),故又稱《乾隆版大藏經》。

《龍藏》共收佛教經典一千六百七十五部,集佛教傳入中國一千七百多

第二章　雕版篇

年譯著之大成，其卷帙浩繁，堪稱佛教「百科全書」。為完成此部佛教典籍叢書，工匠耗費了上等梨木板七萬九千零三十六塊，每塊都是雙面刻字。如今，《龍藏》經版歷經近兩百八十多年風雨能保存至今，與優良的梨木板材是分不開的。傳言，當時梨木板材的置辦都是選秋冬的梨木，因為梨木秋冬時收脂，鋸版的梨木板才能平整不翹。

在中國印刷博物館一樓展廳裡展有兩塊《龍藏》雕版，我們可以從古樸雕版上感受到古代工匠一絲不苟的敬業精神。雖然雕版因各種原因有所殘損，但質地仍很堅硬。上面的文字很見書法雕刻功底，可見無論是寫經還是刻經人，都是懷著一顆虔誠敬畏之心去完成那些佛經。此部大藏經共有五千六百多萬字，以小見大，七萬九千零三十六塊雕版上的文字字字工整、整齊如一，可見當時的「工匠精神」。

龍藏雕版

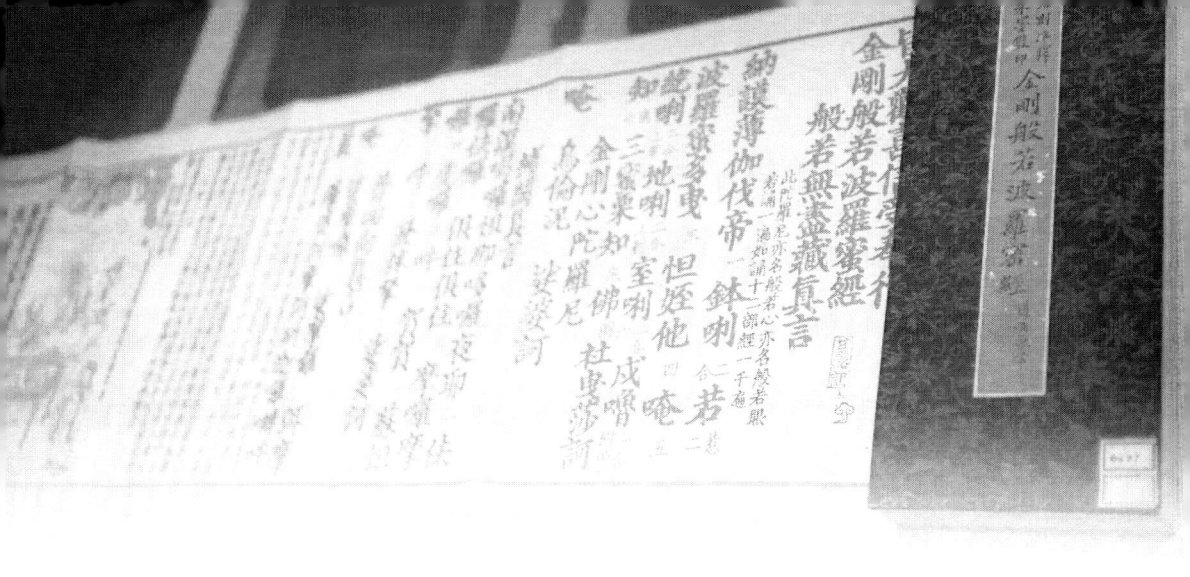

現存最早的朱墨套色印本
——元無聞和尚《金剛經注》

　　很長一段時間內，我們印出來的書籍都是黑白兩色的。有時為了追求書籍的美觀，一些學者會用藍色墨水或者紅色墨水代替黑色墨水，創造出藍印本和紅印本。

　　隨著雕版印刷技術的發展，人們開始思索如何印出具有兩種顏色的書籍，如正文是紅色，注解為黑色，這樣印刷出來的書籍更便於讀者閱讀。

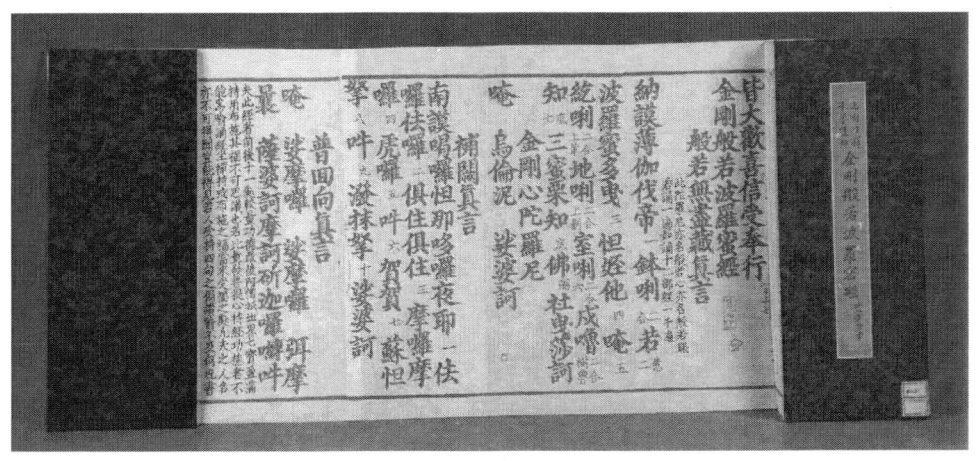

朱墨雙色套印《金剛經注》

第二章　雕版篇

在元代，僧徒為追求佛經的奧義，時常一手拿著原著，另一手拿著某位得道高僧對該經書的注解，對照著進行閱讀。如何將高僧的注解融入原著之中，成為當時一些僧侶和工匠不斷思考的問題。後來，一些工匠嘗試在一塊木版上同時刻上正文和注解，正文刻大一點，注解刻小一點。然後，將正文和注解分別塗上不同的顏色，一次性進行印刷，就可以得到不同顏色的文本。但是，這樣印刷很容易造成顏色的混淆，無法刷得那麼精細。工匠經過探索，發現可以先將木版上的正文塗上顏色，印在紙上，然後將注解文字塗上顏色，嚴絲合縫的套印在原印有正文的紙上。這種套印的方法，比之前在同一塊版上同時刷兩種不同的顏色進行印製的品質要高出許多。但是此種方法有點麻煩，就是往返塗抹顏色十分不便，工作效率不高。因此，一些工匠便將正文刻在一塊版上，將注釋刻在另一塊版上，正文周邊留出印刷注解的地方，印完正文之後，用同一張紙去套印相應的注釋，雖然刻版的時間增加了，但是極大提高了印刷的效率。

目前，我們所發現的最早的套印書籍是西元一三四一年湖北資福寺刻印的《金剛經注》，全書用朱、墨兩色套印，在此之後，出現了三色、四色乃至五色的套印本書籍。套印技術的出現，使得以往只是黑白兩色的印刷技術變得五彩繽紛，也豐富了我們對古代書籍製作工藝的認識。

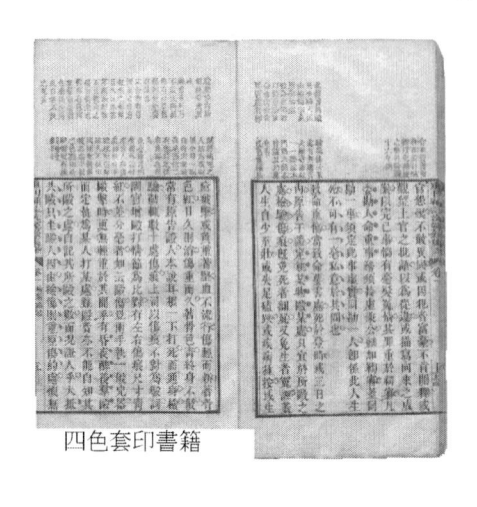

四色套印書籍

四色套印書籍

信箋中的技藝之美

　　寫信與收信對古人而言是一種十分難忘的經歷，一張張書信表達著寫信人對家人和友人的思念之情。古代由於交通不發達、通訊不便利，人們尤為重視書信的品質。

　　一筆一畫要琢磨許久，方能述說出心中的所感所想。古詩文中有不少關於書信傳情的句子，如「關山夢魂長，魚雁音塵少」，便展現了未見書信的孤獨之情。

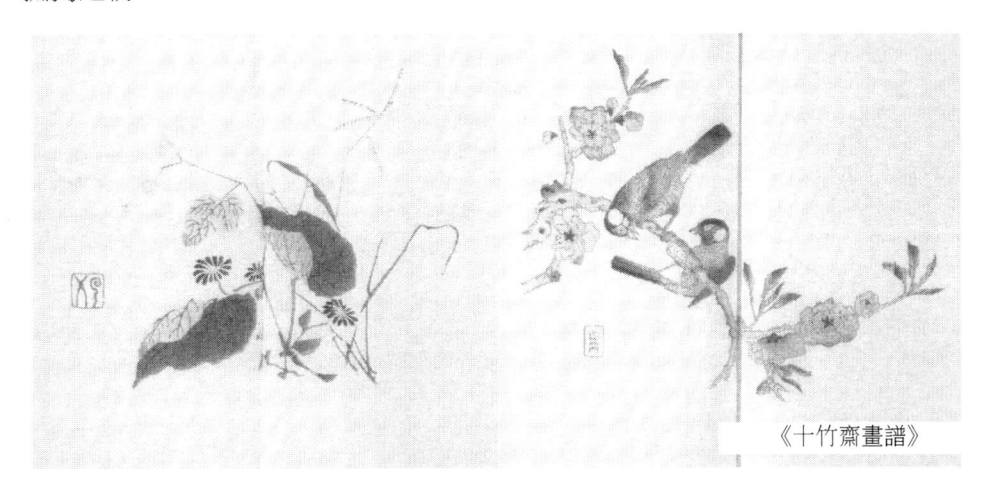

《十竹齋畫譜》

　　書信傳情，一張小小的紙片可以寄託一個人無限的遐思。因此，心思巧妙的人都會對信箋進行別具一格的裝飾。為了更好的裝飾信箋或詩箋，古人設計出許多漂亮的箋紙。傳統的箋紙加工有染色、加蠟、砑光、灑金、描金、泥金、彩繪和多色套印等工藝。多色套印技術是古代印刷工匠獨出心裁的創造。它是將一幅畫作上的不同顏色區域分解開來，刻出相應的小版，在小版上塗上對應的顏色，最後將一塊塊小版拼湊起來。由於用於套印的雕版比較

第二章　雕版篇

《蘿軒變古箋譜》

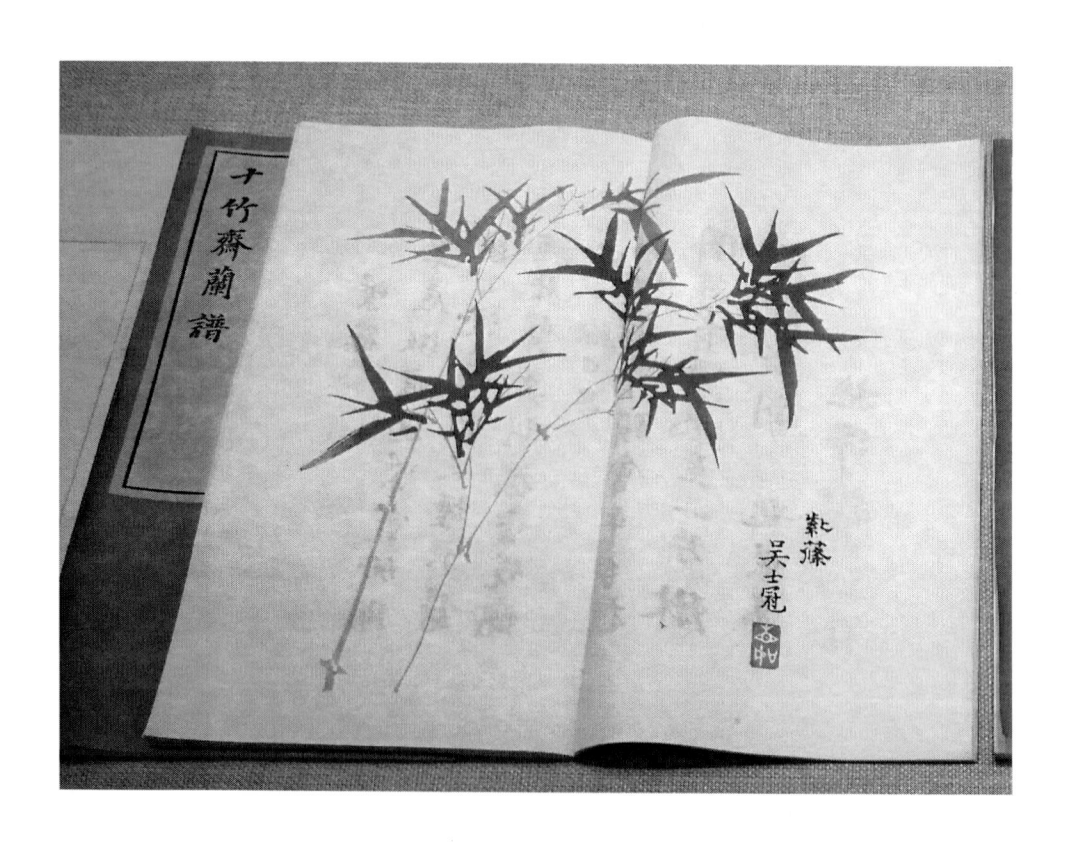

小，古人很形象的稱這種工藝為餖版工藝。餖是一種江南美食——餖飣（音ㄉㄡˋ ㄉㄧㄥˋ），是指將五種不同顏色的小餅堆積在盤中。透過餖版工藝製作出來的多色套印信箋紙，大約分為三種：一是圖案信箋，在彩紙或素紙上刷印花

信箋中的技藝之美

紋、圖案。二是圖畫信箋，在彩紙或素紙上刷印山水、花鳥、草蟲、人物、博物等。三是書法信箋，在彩紙或素紙上刷印書法作品。

餖版印刷製作信箋裝飾是在明朝中後期興起的，此時出現了不少精美的信箋紙譜，其中以《蘿軒變古箋譜》、《十竹齋箋譜》最為知名。

《十竹齋箋譜》榮寶齋印

第二章　雕版篇

魯迅與中國新興版畫運動

魯迅

　　中國現代版畫，也被稱為「新興版畫」，是由魯迅提倡和發展起來的。魯迅為中國新興版畫運動做出了歷史性的貢獻，因此被中國版畫家尊稱為中國新興版畫運動的導師。

　　中國是版畫歷史最古老的國家之一，曾對世界版畫歷史的發展有過不少有益的貢獻。新興版畫運動是中國版畫的復興運動。這一藝術運動，不是中國版畫的復古，而是一場充滿活力和歷史空前的版畫創新運動。

　　魯迅對版畫一向情有獨鍾。一九二七年到上海定居後，他透過徐詩荃、曹靖華等在國外的青年朋友，搜集了許多外國版畫作品。魯迅深知版畫對於當時中國的意義：「中國製版之術，至今未精，與其變相，不如且緩，一也；當革命時，版畫之用最廣，雖極匆忙，頃刻能辦，二也。」有鑑於此，魯迅不遺餘力，不但廣為搜羅版畫作品，而且自掏印費，編輯出版了多種版畫作品集，意在引入清新、剛健、質樸的文藝形式，為新興的中國木刻運動提供借鑑和參照，並且積極推動《十竹齋箋譜》的重刻工作。

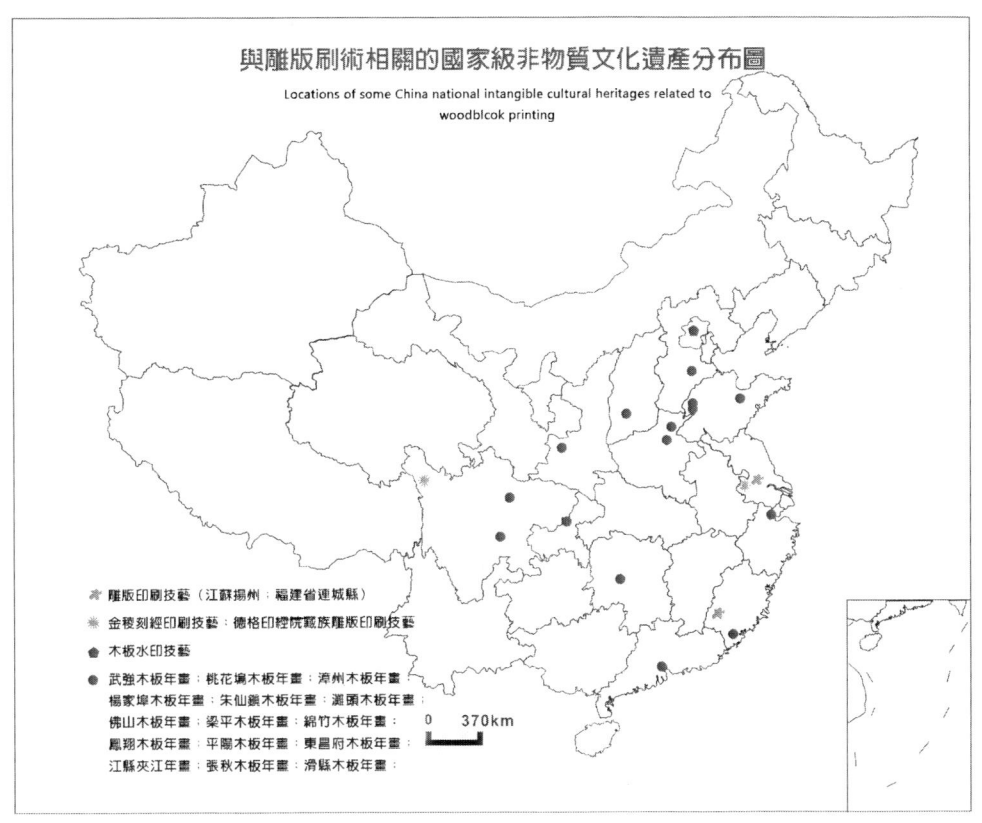

與雕版刷術相關的國家級非物質文化遺產分布圖
Locations of some China national intangible cultural heritages related to woodblcok printing

※ 雕版印刷技藝（江蘇揚州；福建省連城縣）
※ 金陵刻經印刷技藝；德格印經院藏族雕版印刷技藝
⬠ 木板水印技藝
● 武強木板年畫；桃花塢木板年畫；漳州木板年畫
　楊家埠木板年畫；朱仙鎮木板年畫；灘頭木板年畫
　佛山木板年畫；梁平木板年畫；綿竹木板年畫
　鳳翔木板年畫；平陽木板年畫；東昌府木板年畫
　江縣夾江年畫；張秋木板年畫；滑縣木板年畫

0　370km

　　魯迅的藝術鑑別力極高。他在編輯版畫作品的時候，不僅重視其內容，更注重作品的藝術性。作為中國新興版畫運動的導師，魯迅確實嘔心瀝血的為振興中國版畫藝術事業做著大量工作。在病逝前，他還帶病參觀了第二屆全國木刻流動展覽會，在會場和青年版畫家們座談，對新興版畫運動的發展寄以無限期待。

第二章　雕版篇

雕版印刷術的今天與明天

　　雕版印刷術是中國古代人民經歷長期的實踐和研究發明的，為中華文明的傳承與發展做出了卓越貢獻。近現代以來，在西方先進印刷技術的衝擊下，傳統的手工雕版印刷術漸漸不為人所知。

　　然而，其歷史功績是無法被磨滅的，雕版印刷技術的精神與魂魄已融入中華民族的血液之中。一九六〇年，揚州成立了揚州廣陵古籍刻印社，採用傳統雕版印刷術的方法來製作傳統的古籍文獻。二〇〇九年九月，由揚州廣陵古籍刻印社、南京金陵刻經處、四川德格印經院申報的雕版印刷技藝，被聯合國教科文組織列入人類非物質文化遺產代表作名錄。這三個地方各有千秋，揚州廣陵古籍刻印社系統的傳承了中國古代雕版印刷技術，在古籍刻印方面技藝高超；金陵刻經處主要是傳承古代佛經、佛像木刻雕版印刷技藝；四川德格印經院主要是採用雕版印刷藏文化典籍。

第三章 活字篇

第三章　活字篇

活字印刷術是繼雕版印刷術之後又一項重大的技術發明。它開創了印刷術的新紀元,使印刷術從雕版印刷向活字印刷邁進。活字印刷的特點是先製成一個個獨立的單字,然後依照原稿,把單字揀出來,排在字盤內,塗墨印刷,印完後再把單字拆散歸位,下次仍可以排印其他書籍。活字印刷術的發明與運用,使印刷書籍的效率進一步提高,為人類知識的普及與傳播起到了重要作用。

這項影響人類文明進程的技術,其源頭在中國。它的發明者是北宋時期的一位普通老百姓——畢昇。自畢昇發明活字印刷術,這項技術不斷在改進與發展,經歷了泥活字、木活字、銅活字、鉛活字等過程。在這千年的歷史發展過程中,活字印刷術日新月異,發生了許多有趣的故事。

平凡中的耀眼光芒──畢昇

在中國印刷博物館裡，特設一塊專門的區域，那裡只陳列著一尊銅像。銅像的主人公是北宋時期一位普通的老百姓，他頭頂著日月星辰，手持一排活字，目光和善的注視著前方。他是中國印刷博物館內唯一享有此特殊展示待遇的人，他就是畢昇。不同於其他名垂青史的英雄好漢或功臣大家，畢昇貌不驚人，亦無驚人的文采或作為，然而平凡的他卻因專研於一件事而名垂後世。為了更好、更快、更便捷的印書，讓讀書

《夢溪筆談》中對畢發明活字印刷的記載

第三章　活字篇

人有更多的書可讀，畢昇研製出活字印刷術，為後世迎來近現代文明的曙光做出了不可磨滅的貢獻。

　　雕版印刷術為書籍的複製提供了極大的便利，比起一字一句用手抄寫方便了許多倍。雕好一部書版，一次可印出幾百幾千本的書來。但是雕版印刷術仍然有缺點，印一頁書，就得雕一塊版，要印一部大書，需要不少刻工，需要花幾年時間，人力、物力和時間都不經濟。而且，一部大書的版片將占據大量空間。要印別的書，又得一塊塊重新雕刻。畢昇見此情景，心想有沒有什麼好辦法可以改變現狀呢？畢昇透過冥思苦想，最後想到了單一泥活字的印刷方法。首先取來黏土，除去雜草、沙石等雜質，製成膠泥，然後製成單一字坯，在上面刻出陽文反字，經窯火燒烤，就製成了堅硬的活字。常用的字刻幾個或幾十個，如果遇到生僻的字就臨時雕刻，再進行燒製即可。排版時準備兩塊鐵版，先在其中一塊鐵版上按適當比例鋪一層松脂、蠟、紙灰一類的混合物，再在鐵版框內按原稿的順序排滿一個個活字，排滿後放在火上烘烤，使松脂、蠟稍稍溶化，再用一平板按壓活字表面，使版面平整，等到松脂和蠟凝固後，排版工序就完成了。下一步就進入刷墨印刷工序，為了加快印刷速度，可以用兩塊版替換，一塊版印刷，一塊版排版，前一塊版印刷完成，後一塊版也就準備好了。印刷完之後，在火上對兩塊版再烘烤加熱，等到松脂、蠟再次熔化後，用手輕拂字面，將其取下，放回存放處。

　　與之前的雕版印刷術相比，泥活字印刷術毋須耗用大量木版即可印製書籍，且製作的活字可以用於多本書籍的印刷，極大的節省了印刷所需原料。受畢昇泥活字印刷術的影響，此後又出現了木活字、銅活字、錫活字、鉛活字印刷術，但方法和理論都是一脈相承的，它們的工藝都由畢昇的泥活字印刷術發展而來。

南宋周必大泥活字印書

畢昇發明泥活字印刷術之後，此種方法漸漸廣為人知。南宋周必大也依照此法印刷了書籍《玉堂雜記》。周必大是南宋時期的名臣之一，聲名顯赫，為四朝宗臣。他死後，南宋皇帝宋寧宗讚賞他：「道德文章為世師表，功名始終，視古名臣為無慚也。」

周必大活字印書一事記載於一封信中。西元一一九三年，年已六旬的周必大在給好友程元成的一封信中說道，採用沈括記載的泥活字印刷術排印了自己的《玉堂雜記》二十八條。「玉堂」是翰林院的另一種說法，周必大在《玉堂雜記》裡主要記述了他任翰林院學士的往事。周必大在長沙印完《玉堂雜記》後，分贈給了一些親友，程元成便是其中之一。

周必大

第三章　活字篇

《維摩詰所說經》

　　一九八七年五月，一批佛教徒在甘肅省武威市祁連山中的亥母洞寺從事佛事活動時，發現了一批古代文物。當時，當地民眾決定將文物妥善放置在原處保存。一九八九年，甘肅武威市博物館清查亥母洞寺時，發現了一卷經文。經文上的文字是一種很陌生的文字，看上去，它的字形結構方方正正，很像漢字，卻又不是漢字。經專家辨別，它就是曾經一度被認為已經失傳的文字——西夏文！此件西夏文經文共計六千四百多字，經名和題款保存完整，經翻譯得知經名是《維摩詰所說經》下集。

　　根據史料記載，亥母洞寺是西元一一三〇年由西夏王朝開鑿修建的。西夏王朝對佛教尤為崇奉，在國家法典中有專門的律令保護佛教、僧人、寺廟的特殊地位和權益；全國各地建有很多寺院佛塔，「浮圖梵剎，遍滿天下」；僧人數量很多，社會地位也高。

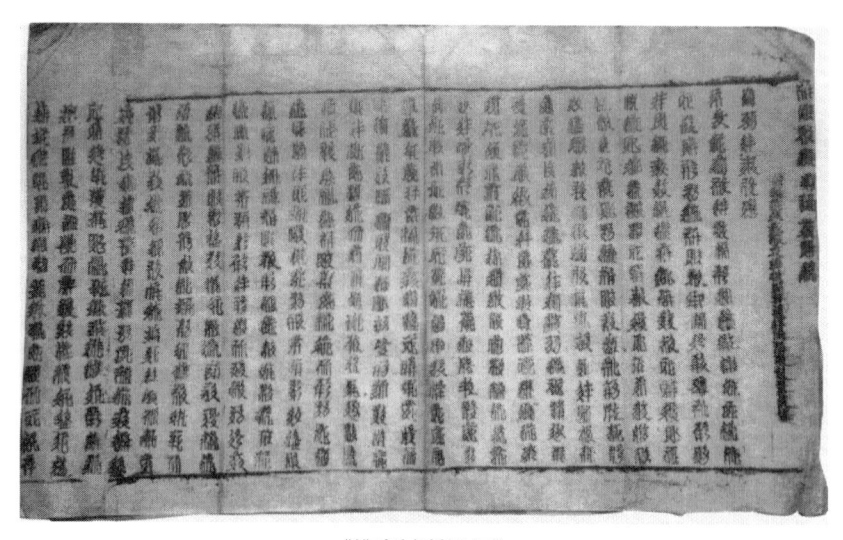

《維摩詰所說經》

《吉祥遍至口和本續》

　　《維摩詰所說經》是大乘佛教的經典,又稱為《不可思議解脫經》,歷史上許多名家都曾為其作注。這部經書的主人公維摩詰宣揚不出家就可以得到解脫的理論,人不離開世俗生活,在主觀上進行修養,也可以發現佛法的存在。維摩詰這種享受世間富貴、又精通佛理的方式,為不少不願放棄世俗享受而又渴望體驗佛法出世玄妙感覺的文人所歡迎。西夏僧人既管政務,又出家,政教合一,《維摩詰所說經》的主張也恰好契合大多數西夏僧人的理念,因而受到了歡迎。一九九八年四月,專家對此部西夏文《維摩詰所說經》進行鑑定,專家經過討論分析,認為這部經書是西夏工匠在十二世紀採用活字印刷術印刷的,這也是中國早期活字印刷術的重要實物例證。

《吉祥遍至口和本續》

　　一九九六年十一月六日早上,一批頂尖專家、學者相聚中國印刷博物館,圍繞一部西夏文佛經進行了激烈的討論與研究。此部引起專家濃厚興趣的西夏文佛經名叫《吉祥遍至口和本續》,是一九九一年九月由寧夏回族自治區文物考古研究所在賀蘭縣拜寺溝西夏方塔廢墟中發現的。《吉祥遍至口和本續》簡稱「本續」,意思是「藏密經典」,是指該經書是譯自藏文的藏傳佛教密宗經典。然而藏文的原本早已失傳,此西夏文本成了海內外唯一的孤本。專家透過仔細考證研究,發現此部佛經是在十二世紀下半葉採用木活字印刷而成的,這也是目前世界上發現最早的採用木活字印刷而成的書籍,也是目前發現的唯一早期木活字印刷實物例證,可見該經書的彌足珍貴之處。

　　《吉祥遍至口和本續》的發現,證明在中國南宋時期就已經出現了木活字印刷術,對研究中國古代印刷史和古代活字印刷技藝具有重大價值,對考

第三章　活字篇

古學、西夏學、佛學、藏學、圖書史、文獻學、文化史等也具有重要研究價值。

然而，這部具有十分重要價值的經書的發現卻帶有很強的危機性。一九九〇年的一個秋天，賀蘭山區的一位牧羊人在放羊時發現拜寺溝的佛塔突然不見了，這位虔誠的牧民立即將此事報告給當地警察局。警察聞訊趕來，發現該佛塔是被不法分子炸毀的。隨之，考古學家對古塔進行了搶救性發掘。文物專家望著滿地的殘磚破瓦，心情格外沉重。現場除了一根長約三四公尺的塔中心木柱之外，剩下的只是殘垣斷壁和堆積的塵土。專家在清理塔中心木柱時，發現木柱表面有用兩種文字書寫的題記，一種是漢字，另一種是西夏文。透過研究木柱上的文字，專家發現此座古塔是於西元一〇七五年建造的。隨著考古工作的進一步展開，一系列重大發現逐漸出現在世人面前。在一堆碎磚的下面，考古學家發現其中還保存大量的西夏文物，不但有用漢文和西夏文兩種文字書寫的佛經、漢文文書，還有西夏文木牌、印花和繡花絲織品以及舍利子包等。更令人驚訝的是，考古人員意外在塔剎第十層的天宮裡發現了一部印刷精美的古籍，此經即為《吉祥遍至口和本續》。由於寧夏地處中國內陸，乾旱少雨，乾燥的氣候使得這部古籍保存相對完好。若是沒有考古學家的細心發掘，我們可能就會與此孤本無緣，也會影響對中國木活字印刷術出現時間的推斷。

《吉祥遍至口和本續》

世界上現存最早的木活字——回鶻活字

在中國印刷博物館的活字展區裡擺放著幾個木活字，許多人都以為是畫的小動物。這些小木塊活字其實是回鶻活字，也是目前世界上發現最早的活字實物。當時居住在中國西北與中亞地區的回鶻人就是採用這些小木塊排印出了大量的經書。

回鶻活字

第三章　活字篇

　　回鶻人是現今維吾爾族與裕固族的祖先。他們當時居住於中國西北與中亞地區，位於中西交流的要道之上，因而不僅使用本民族特有的回鶻文，也使用漢文。由於善於經商的回鶻人通曉多族語言，許多回鶻人當時被橫跨歐亞大陸的蒙古帝國採用為書記官員，回鶻語在蒙古帝國變成僅次於蒙古語的官方語言，回鶻文成為當時歐亞大陸通行的一種文字。

　　目前共發現一千多件回鶻文木活字。一九〇八年，在敦煌莫高窟北區第一百八十一窟（今敦煌研究院編號第四百六十四窟），法國漢學家伯希和發現了用於印刷書籍的大量小方木塊（回鶻文木活字），它們各自能印出一個完整的字來。這些被伯希和劫往法國的九百六十八枚小方木塊，其中有九百六十枚現在收藏於法國巴黎吉美亞洲藝術博物館，有四枚收藏於日本東洋文庫，有四枚收藏於美國紐約大都會博物館。此外，俄國人謝爾蓋‧奧登堡（Sergey Fyodorovich Oldenburg）率探險隊於一九一四年在莫高窟盜掘時也發現了一百三十枚西夏回鶻文木活字。一九八八年至一九九五年，敦煌研究院從莫高窟北區的六個洞窟裡又新發現回鶻木活字四十八枚。在敦煌地區發現如此之多的回鶻木活字，證實在元代中國西北地方的回鶻先民掌握著先進的印刷技術，而他們的活字印刷術應該學自漢人或西夏人。隨著蒙古帝國事業的發展，回鶻人將此技術傳到了歐亞大陸的其他地區。到了十五世紀，歐洲人開始採用活字印刷術印刷本民族的文字，這與回鶻人的貢獻密切相關。

王禎和《造活字印書法》

關於當官,中國有句古話很有名——「當官不為民做主,不如回家賣紅薯」。王禎即是這樣一位為民負責的好官員。作為一方縣令,他恪盡職守,體恤百姓。據說,他在任期間,經常將自己的薪水捐給地方興辦學校,修建橋梁,整修道路,施捨醫藥。然而,讓王禎名垂青史的則是其費盡心血編撰而成的《農書》。王禎在不同地方當過官,發現不同地區的農業種植方法各有不同。為了讓各地百姓有更好的收成,他身體力行,教民耕織,傳授好的農業經驗。然而,他發現自己以往的經驗是遠遠不夠的。於是,他認真查閱古書,總結全國的農業生產經驗,最終編成了這部舉世聞名的《農書》。

王禎

王禎在《農書》末尾處附撰了《造活字印書法》,因為王禎覺得木活字印刷術十分便利,打算使用活字印刷術來印刷《農書》。

北宋時期,畢昇發明了泥活字印刷術,但許多人主要還是使用雕版印刷術,一方面是傳統習慣,另一方面在於活字印刷所需要的文字太多,在排版印刷完成後還需將文字放回原處,相對費力。《農書》的字數較多,若採用傳統雕版印刷術進行印刷,所需時間和費用過多。為了節省出版費用,縮短

第三章　活字篇

出版時間，王禎吸收了畢昇泥活字印刷術的思想，進行了木活字印刷實驗研究，並終於取得成功。

　　王禎先請能工巧匠按照拼音韻律抄寫文字，校對無誤後，將抄好的文字貼在木版上進行刻字，再將刻好的字一一鋸開，按韻分類，放在一個轉輪排字盤中。排字盤中不同的文字韻律又被標記為不同的數字記號，方便區分與揀取，這樣就極大提高了揀字的速度。一些不方便分類的文字與常用文字如「之、乎、者、也」，則置於另一個排字盤中。兩個排字盤裡總共存了三萬多個大小高低一樣的漢字。要排書時，一人站在一旁喊要什麼字、在哪個區域，另一個人坐在兩個大轉盤旁邊快速找字揀字，排好版後交給印刷工匠刷墨印刷。一些沒有的字就令工匠迅速雕刻。王禎的造活字印書法，極大提高了印書速度，不到一個月就印刷了一百部《旌德縣誌》，可見速度之快。

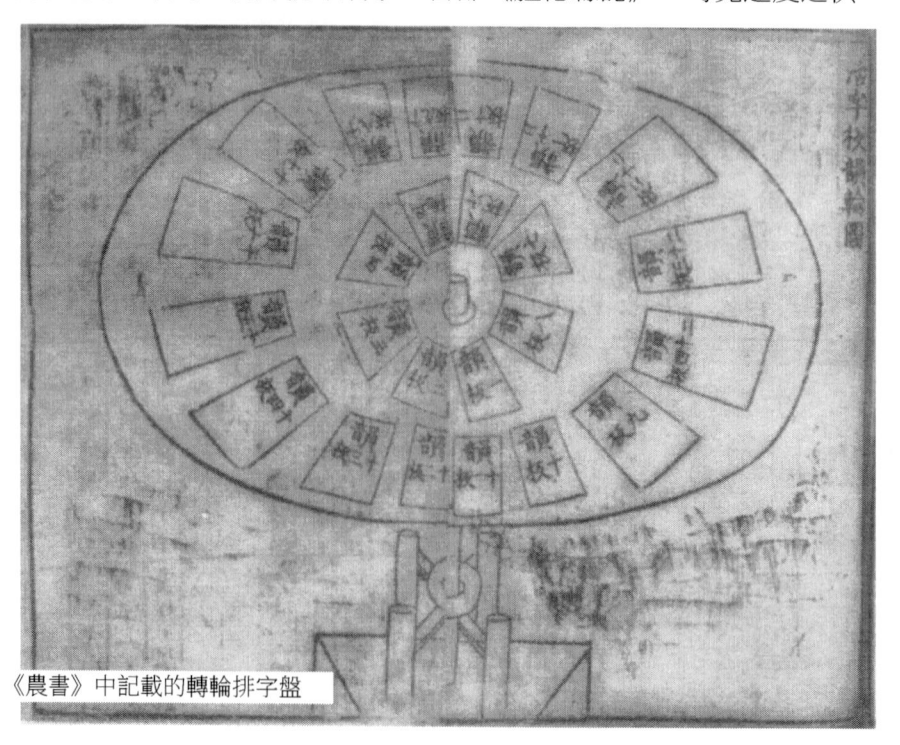

《農書》中記載的轉輪排字盤

王禎和《造活字印書法》

出於更快、更好、更省印刷書籍的目的,王禎別出心裁,對活字印刷術進行革新,改變了以往在茫茫字海裡找字的情況。他所設計的**轉輪排字盤**,極大提高了揀字效率,減輕了工作強度。王禎在印刷技術上的革新,對中國乃至世界文化的發展做出了可貴的貢獻。二〇一五年,王禎被列入造紙工業世界名人堂,是繼蔡倫之後中國第二位得此殊榮之人。

王禎活字版韻輪圖

小朋友在中國印刷博物館轉輪排字盤模型旁邊認字

第三章　活字篇

印書狂人華燧

　　華人一直強調讀書的重要性，認為書籍是修身養性、陶冶情操、通識古今的基礎。「讀書破萬卷，下筆如有神」，可見書讀得越多越好，藏書越豐富越佳。更有古語強調書籍的地位是「立身以立學為先，立學以讀書為本」。對於信奉孔孟之道的讀書人而言，書是承載聖人之言的寶物，不容褻瀆。到了明代，由於經濟與文化的發展，藏書量成為一個人身分地位的象徵，因此出現了不少印書、藏書狂人，華燧即為其中一個典型代表。

　　華燧年少時就勤於治學，喜歡坐在路口高聲誦讀，每遇到老先生，都會持書請教問題。每當遇到不懂的部分，他一定要專研通透為止，所以有人稱他為「會通子」，而他所住的地方也被稱為會通館。華燧十分喜歡讀書，因此每遇到特別感興趣並且難以得到的書籍，他都會投入大量錢財進行翻印，家境也因他大量購書、印

《宋諸臣奏議》

書而日漸沒落。華燧在推動銅活字印刷方面做出了重要貢獻。目前中國發現最早的銅活字本《宋諸臣奏議》即由華燧於西元一四九○年翻印而成。《宋諸臣奏議》是由宋朝名臣趙汝愚編輯而成，此書收集了宋朝群臣的奏章共一百五十卷，對研究宋朝的政治、軍事以及宮制等具有極其重要的參考價值。除《宋諸臣奏議》之外，目前發現的會通館印刷的銅活字本還有其他十五種。自華燧之後，江蘇無錫湧現了一批銅活字印刷家，極大促進了銅活字印刷業的發展。

傳統活字印刷術的「日落輝煌」——武英殿活字印刷

　　武英殿位於北京故宮外朝熙和門以西，與文華殿相對應，象徵天下一文一武。康熙皇帝年幼時曾居住在武英殿，擒拿鰲拜的故事就發生在這裡。西元一六八○年，康熙皇帝頒旨設立武英殿造辦處，後更名為武英殿修書處，專門負責圖書的刊刻、印刷、裝訂等事宜。武英殿由此成為皇家出版印刷地，印刷出版了大量精美的印刷品，後世將武英殿印刷出版的書籍稱為殿本。殿本由於設計精美，品質較高，一直為藏書界所珍視。

　　歷史上，武英殿有過兩次大規模活字印書活動。第一次是雍正皇帝時期，武英殿用銅活字印《古今圖書集成》。《古今圖書集成》號稱「類書之最」。這本書的作者陳夢雷「目營手檢，無間晨夕」的辛勤付出，耗時二十八年，終於編成了共有一萬卷、六千一百零九部、總字數達一億六千萬字的著作。該書是現存規模最大、資料最豐富的類書，貫穿古今，包羅所有，被李約瑟

第三章　活字篇

（本名諾爾·約瑟夫·泰倫斯·蒙哥馬利·尼德漢，Noel Joseph Terence Montgomery Needham，英國生物化學家、漢學家）稱為「無上珍貴的禮物」。正因此書的珍貴性，雍正皇帝不惜工本，下令以銅活字精心印製。當時武英殿工匠共製大小兩幅銅活字二十萬個，歷時兩年印出《古今圖書集成》六十四部，每部一萬零四十卷，裝訂五千零二十冊，這是歷史上規模最大的一次銅活字版印書。這部武英殿銅活字版圖書印刷精美，堪稱中國古代活字印刷史上的巔峰之作。中國國家圖書館保存著一套雍正時期的銅活字本《古今圖書集成》。這部卷帙浩繁的圖書能流傳至今，與印刷工匠的辛勤付出是密不可分的。

武英殿第二次大規模活字版印書活動是印刷《武英殿聚珍版叢書》。西元一七七二年，乾隆皇帝下令編撰《四庫全書》，該部書幾乎囊括了當時所有圖書，內容涉及中國古代所有學術領域，可以稱為中華傳統文化最豐富、最完備的集成之作。為了更好的出版這部書，乾隆皇帝命金簡於武英殿印刷《武英殿聚珍版叢書》。最早的書目都是採用傳統的雕版印刷印成的。然而，隨著書籍編輯工作的開展，需要印刷的書越來越多，費時費

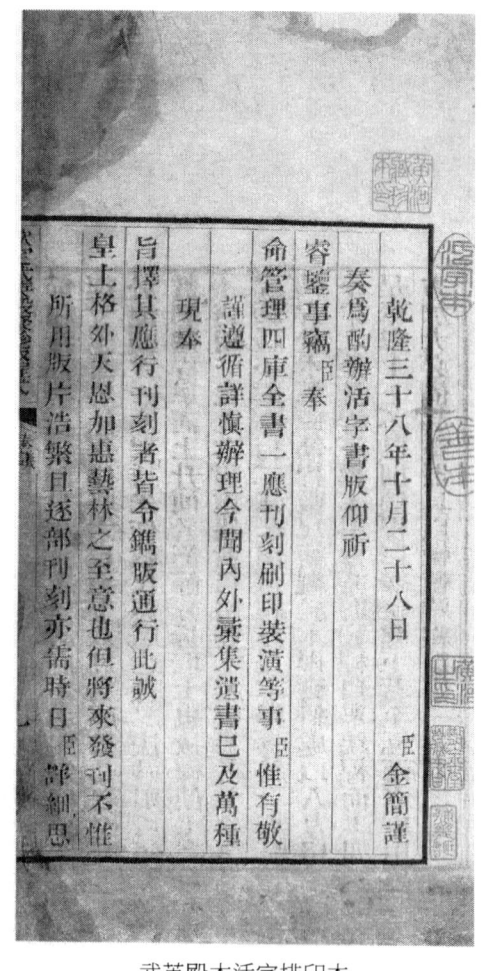

武英殿木活字排印本

傳統活字印刷術的「日落輝煌」——武英殿活字印刷

力的雕版已經無法應付刊刻的需求,負責刊刻事務的金簡十分憂心。康熙時期,武英殿印書都是採用銅活字印刷,但由於銅越來越貴,官府就將銅活字全都融化去做銅擺件了。由於重鑄銅活字太麻煩,而且全套銅活字成本極高,金簡上書乾隆皇帝,建議選用木活字印刷,木活字造價便宜又相對輕便。乾隆皇帝對此大為讚賞,又認為「活字版」聽起來不夠高雅,遂賜名曰「武英殿聚珍版」,中國歷史上規模最大的一次木活字印刷工程就此啟動了。在印刷時,金簡改用字櫃來放置活字,十二個字櫃依次排開,每個字櫃又分成兩百個抽屜,每個抽屜分成大小八格,以部首筆畫檢字,相對於王禎的轉輪排字盤效率更高。王禎是在一整塊木板上排好字,再用木條固定四邊。金簡則直接用梨木板刻出格線,底下裝上活閂,將字塊嵌入後轉緊活閂,印刷起來不易移動,版面也更為工整漂亮。像武英殿這樣大規模採用木活字印刷,在中國歷史上還是第一次。在實踐過程中,金簡不斷改良印刷方法,總結出一套行之有效的方法,並於西元一七七六年撰寫完成《武英殿聚珍版程式》一書,十分詳細的記載了印刷的全過程。據記載,武英殿共造了二十餘萬個木活字,但後來被守門的士兵用以生火取暖,全部化為灰燼。

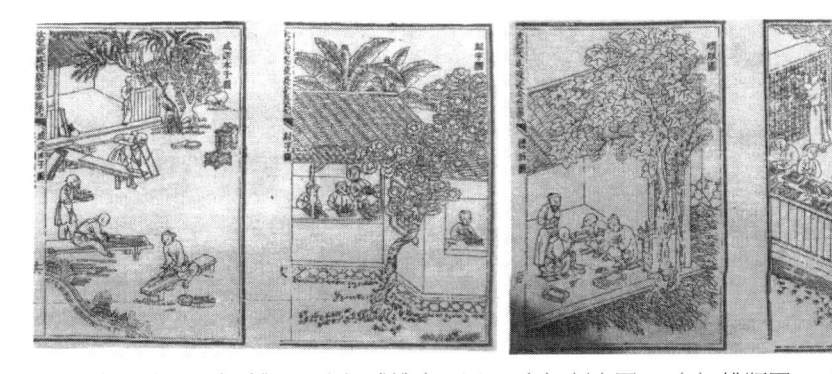

《武英殿聚珍版程式》:(1)成造木子圖;(2)刻字圖;(3)槽版圖;(4)擺書圖。

第三章　活字篇

在清朝帝王的支持下，武英殿工匠採用活字印刷術印刷了中國歷史上的兩部重要典籍，為中華文化的傳承和發展做出了卓越貢獻。然而，武英殿的幾十萬個銅活字、木活字終究未能留下來，似乎也暗示著傳統活字印刷術的命運。之後，西方的鉛活字印刷術傳入中國，並以其簡便高效迅速占據了印刷業的主流。

執著的泥活字印書秀才——翟金生

翟金生，字西園，號文虎，生於清代乾隆年間，是個秀才，以教書為業，在詩、書、畫方面都有自己的獨到之處。在當時，一般人的著作因雕版費用昂貴而無力出版，因而不能流傳於世，他有感於此，而後從《夢溪筆談》中關於畢昇泥活字印刷術的記載得到啟發，決心再造泥活字。翟金生根據畢昇的方法製造泥活字，並汲取後來銅活字和鉛活字製法中先作字模、再以字模製字的經驗，拓展了泥活字的製造方法。有了字模、再製泥活字，特別是常用字，如「之」、「也」等字，就方便得多了。

翟金生製造泥活字的過程是，先以膠泥製陰文正體泥活字，燒乾作為字模，再以此字模製出陽文反體泥活字，稍加修整後，燒乾備用。翟金生的家境並不富裕，因而無力聘請工匠，他靠著自己執著的精神，在家人的幫助下，苦心鑽研泥活字印刷。這一做就是三十年，他歷盡千辛萬苦，刻製泥活字十萬多枚，這些泥活字均為宋體字，有大、中、小、次小、最小五種字型大小，以適應眉批、注釋等各種複雜版面的排版需求。翟氏印書中的泥活字印本又分為「泥斗版」、「澄泥版」、「泥聚珍版」。

翟金生用自製的泥活字排印自己的詩文集，書名為《泥版試印初編》。

該書筆畫清晰，行列整齊，紙墨俱佳，雖然是初次試印，但其印刷品質並不比同時代盛行的木活字印刷差多少。書中有五首五言絕句，作者以通俗詼諧的詩句表述了三十年來研製泥活字印刷的酸甜苦辣。之後，翟金生將《泥版試印初編》進行修改並增加了一部分詩文，重新排印成《試印續編》。該書使用了較小的泥活字，行款也與《泥版試印初編》不同，字體勻整，筆畫流利清晰，反映了排印技術的進步。翟金生還用泥活字排印其友人、禁菸派代表人物黃爵滋的詩集《仙屏書屋初集》共五冊，小號字排印，詩中小注字體更小。

翟金生所處的時代，木活字已經普遍使用，西方的鉛活字技術已傳入中國，相比之下，泥活字已不是最先進的印刷技術，但翟氏繼承傳統的泥活字技術，而且用其印製出不少品質上乘的書籍，再現了畢昇的泥活字印刷術，進一步為活字印刷術最早出現於中國提供了印證，因此在印刷史上依然占據一席之地。

鉛活字的曙光

鉛活字印刷術，是用鉛活字排成完整版面進行印刷的工藝技術。鉛活字是用鉛、銻、錫三種金屬按比例配比熔合而成，這種合金的優點是熔點低，熔融後流動性好，凝固時收縮小，鑄成的活字字面飽滿清晰。比之其他的金屬活字，如銅活字、錫活字，鉛活字的印刷效果更好，製作更為方便。

西元一四四〇年左右，德國人古騰堡發明了鉛活字印刷術。不同於中國採用的手工雕刻印刷，古騰堡開啟了機械印刷時代，從而極大推動了歐洲文化和教育事業的發展。隨著歐洲航海時代的開啟，在歐洲傳教士的推動下，

第三章　活字篇

西方的鉛活字印刷術傳入了中國。

馬禮遜（Robert Morrison，蘇格蘭傳教士）是基督教在中國傳教的開山鼻祖。他開創的譯經、編字典、辦刊物、設學校、開醫館、印刷出版等事業，均被其後的新教傳教士乃至天主教傳教士所繼承和發揚，成為開創近代中西方文化交流的先驅。馬禮遜熟識中文，又懂西方先進的鉛活字印刷術。西元一八一四年，馬禮遜在麻六甲設立東方文字印刷所，研製中文鉛活字，於一八一九年排印了第一部中文新舊約聖經。這是西方近代鉛活字印刷術較早用於中文的排印，也標誌著中文鉛活字在中國使用的開端。

此後，隨著一八四〇年第一次鴉片戰爭的爆發，越來越多的西方人來到中國，將西方先進的印刷技術帶入中國。

活字印刷之利器
——元寶式排字架

　　由於漢字數量眾多,從古至今,印刷工匠在採用活字印刷術排版時,都在為如何更好的存字、揀字而努力。元代王禎發明了轉輪排字盤,按韻揀字。清朝金簡採用了字櫃存字,按偏旁部首揀字。到了近代,美華書館的美國傳

第三章　活字篇

教士姜別利（William Gamble）發明了電鍍華文字模之後，又致力於華文排字架的改良。他根據漢字的使用頻率，將統計好的漢字分成了十五類，再將這十五類漢字歸納，劃分為常用字、備用字和罕用字三大類，發明了木製的元寶式排字架來存放這些活字。元寶式排字架整體上分為左、中、右三部分。其正面居中設二十四盤，這二十四盤又分成上、中、下三層，每層各八盤，上八盤和下八盤裝備用字，中八盤裝常用字；兩旁設六十四盤，裝罕用字。各類鉛字均以《康熙字典》的部首檢字法分部排列。排版時，揀字者於中站立，就架取字，十分便利，大大提高了活字排版速度。這是姜別利為中國近代鉛活字版印刷發展做出的又一重要貢獻。當時，美華書館採用了姜別利的排字架，大大提高了印刷的品質和效率，迅速發展為當時上海規模最大、最先進的活字排版、機械化印刷的印刷機構。之後，元寶式排字架不斷改良，一直沿用到一九七〇年代。

經濟日報社鉛版

　　鉛活字印刷術是中國二十世紀主要使用的一種印刷術，是書籍報刊印刷的主要方式。

　　然而，鉛活字印刷術有一個很大弊端，就是排版費時。這主要也是由於中國漢字眾多。為排一句話，需要從茫茫字形檔中進行挑選，這之間的工作需要極大的耐心與精力。加之鉛活字笨重，鉛又有污染，因此自鉛活字印刷術運用以來，人們一直不斷進行改革創新來解決漢字排版問題。

　　一九七四年，中國開始了「七四八」工程（漢字資訊處理系統工程），以王選為代表的科研團隊開創性的以「輪廓加參數」的描述方法和一系列新

經濟日報社鉛版

演算法，研究出一整套高倍率漢字資訊壓縮、還原、變倍技術，從而使研製鐳射精密照排成為可能，使我們的漢字在電腦上實現了快速儲存與輸出。

一九八七年五月二十二日，王選率領研製的華光III型機在經濟日報社印出了世界上第一張採用電腦組版、整版輸出的中文報紙，這標誌著漢字輸入輸出電腦的技術難關被攻破。

在中國印刷博物館裡藏有一件經濟日報社採用雷射排版技術前一天《經濟日報》印刷報紙時所使用的鉛版。這整塊版較好的展示了當時報紙的排版過程。在二十世紀，要完成一份報紙，首先需要從眾多的字形檔中挑選所需字型大小的文字，進行排版。完成一個小版內容的排版之後，最後還需對所有小版內容進行拼版，工作必須謹慎認真，否則，一旦其中某一部分鉛活字散落，將直接影響第二天報紙的出版發行工作。而漢字雷射排版技術的使用，使我們的印刷工人不必再於鉛活字排字架中往返穿梭挑選文字，極大提高了印刷

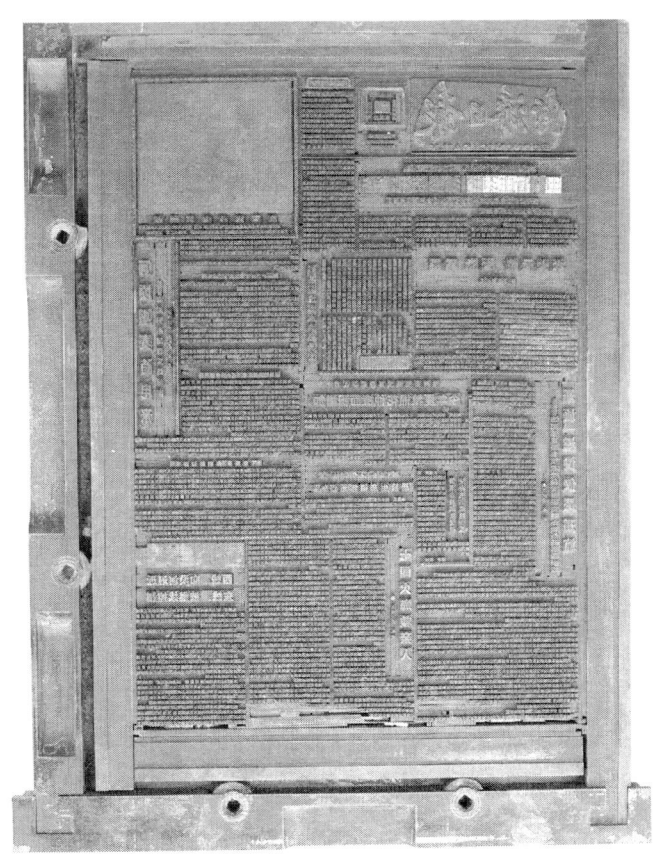

《經濟日報》鉛版

第三章　活字篇

的速度與效率。

　　鉛版退出歷史舞台,說明曾為世界貢獻活字印刷發明的中國終於告別鉛與火,迎來光與電。

急需保護的世界非物質文化遺產
——里安木活字

　　一九九〇年代,隨著電腦排版的普遍應用,傳統的手工雕版活字印刷術毫無招架之力,漸漸退出了歷史舞台。歷史是無情的,它不會因為傳統手工活字印刷術幾百年的印書功績,而為它專留一席之地,繼續讓它擔任印刷舞台的主角。然而,歷史又飽含著「深情」,它讓這些技藝融入後世的生活與記憶之中,在文化的血脈中得以傳承。

里安木活字

急需保護的世界非物質文化遺產——里安木活字

活字印刷術傳承至今已有千年的歷史。雖然時代日新月異，傳統手工的活字印刷術已很少見到，但是在浙江省一個偏遠的村落裡，那裡的村民世世代代都用木活字印刷族譜。出於對祖先的敬重，淳樸的村民仍用傳統的刻刀一刀一劃的刻字印刷族譜。這個村落就是如今名揚四海的「木活字印刷文化村」——里安市東源村。

中國木活字印刷文化村展示館外景

里安木活字印刷中使用的是徽墨和宣紙，採用棠梨木製作活字，這種木料產量大，而且不易變形，即便南方氣候潮溼，字模也不易開裂。

二〇一〇年，以里安木活字印刷術為載體的中國活字印刷術被聯合國教科文組織列入「急需保護的非物質文化遺產名錄」。

活字印刷術為世界文明的發展做出了卓越貢獻，雖然純手工的活字印刷術相對於如今的機械印刷已經落後很多，但是它記載了人類為推動文化發展做出的種種努力與嘗試。如今的東源村已是聞名海內外的木活字印刷文化村，掌握木活字印刷技術的師傅有近百人，政府也在此建了一個占地五百坪左右的中國木活字印刷文化村展示館。

第三章　活字篇

走向世界的寧化木活字

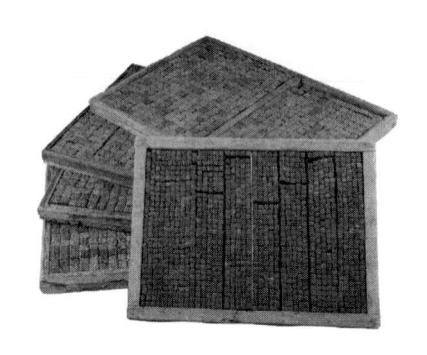

寧化木活字

二〇一〇年，福建省圖書館的專業技術人員在寧化縣採集客家文化資源時，無意中從當地人拍攝的紀錄片《老族譜》中找到了一條與木活字有關的線索。經過追索，人們發現寧化縣石壁鎮的客家公祠裡仍然保存著古老的木活字，現存木活字數量超過三十萬枚。這一消息對外發布後，在社會上引起了轟動。

寧化木活字和里安木活字一樣，在發展過程中遇到了重重困難，許多傳承人不得不改行另謀生路，木活字印刷技術一度面臨著失傳的境地。幸而，人們對傳統文化技藝日漸重視，在政府的支持下，寧化木活字的傳承人不斷努力，將寧化木活字的技藝與文化精髓推向世界。

當地政府為了推廣保護，也多次派傳承人前往世界各地展示。一些傳承人遠渡重洋，在美國鹽湖城參加國際性的木文化展覽，並在現場展示手工雕刻木活字。為了拓寬業務，一些傳承人在網路上出售、客製化木活字工藝品，不僅銷售木活字印刷的經典作品，還可訂做英文、阿拉伯文等各種字體的印刷品。

二〇一四年，寧化木活字傳承人參與設計製作的書籍《黟縣百工》，從三百五十三冊參評圖書中脫穎而出，榮獲二〇一四年「中國最美的書」的榮譽稱號。該書是由寧化木活字傳承人邱志強和巫松根採用傳統老宋字體木活字印刷，由寧化籍畫家孔德林作插畫，由寧化文化館戴先良校對，整冊書用

玉扣紙印刷，穿線裝訂，顯得古樸悠遠。

在當今時代，傳統的活字印刷術在技術上雖已落後，但它凝聚著中華民族千年的文化傳承與記憶，散發著中華文化特有的魅力與內涵。

第三章　活字篇

第四章 近現代篇

第四章　近現代篇

如果將中國印刷的發展歷史分為二十四小時,那麼最後三小時就是近現代印刷時代。在這短短的三個小時裡,傳統的手工雕版印刷、活字印刷仍在印刷業中占據一定的比重,西方的機械印刷逐步為人們所採用。當時的中國人被西方機械印刷的高效率所震驚,而後開始逐步學習。在最後的二十分鐘裡,我們主要採用了鉛活字印刷,看似時間很短,然而其中的辛酸只有印刷工作者才能體會。

王選雷射排版技術的問世,奠定了我們如今可以在網路上直接排版列印的基礎。網路印刷、數位印刷、綠色印刷在最後幾分鐘內紛紛登場。在短短的幾十年時間裡,中國的印刷事業發生了翻天覆地的變化。

老牛耕書田
——墨海書館奇聞錄

墨海書館是上海最早的一家現代出版社，於西元一八四三年由英國傳教士創建。墨海書館在創建之初，擁有中文鉛字兩副、西文鉛字七副，並從英國運來三台印刷機。當時的上海尚無電力供應，於是便出現了牛拉機器進行印刷的奇聞。

對於已有漫長機器印刷歷史的英國人而言，當時中國的雕版印刷不符合他們的印刷習慣，也無法滿足他們的需求。為了儘早印刷更多的宗教類圖書，墨海書館的傳教士想盡辦法來解決機器動力問題，最後想出了以牛拉機器的方法。傳教士讓牛在單獨的一個房間如同毛驢拉磨般帶動機械，所產生的轉力憑齒輪傳送到印刷工作間。此種奇特的現象堪稱世界印刷史上的一大奇聞。這也是西方技術傳到中國後如何本土化的一次嘗試。在這種新奇的創舉下，中國近代印刷史慢慢拉開了序幕。

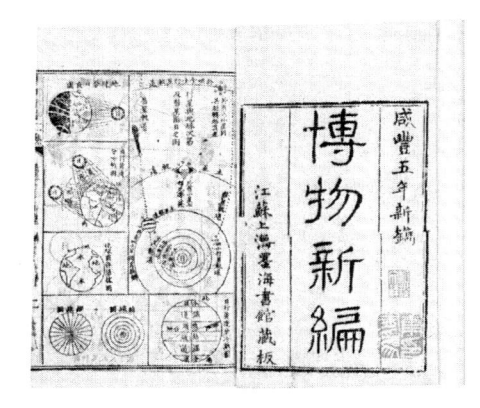

《博物新編》墨海書館

墨海書館牛車

第四章　近現代篇

中國第一版鋼凹版鈔票
——大清銀行兌換券

　　中國是紙幣的發明國。早在宋代，中國古人採用雕版印刷了世界上第一張紙幣——交子。而後，中國使用的紙幣都是採用傳統雕版印刷與活字印刷相結合的方式進行印製的。近代以來，中國的紙幣印刷技術與歐美國家相比，存在著極大的技術差距。紙幣的發行關乎國家經濟安全，因此清政府開始著手發行新的紙幣。

　　當時美國已經使用鋼版雕刻印刷紙幣，清政府便派人前往美國，花鉅資邀請技師來雕刻紙幣鋼版。一九〇八年，海趣（Lorenzo J. Hatch，美國畫家）受邀來到中國，任技師長，主要負責產品的設計、雕刻、製版工作，並負責傳授技術，每月薪資高達三千六百美元（約新臺幣十萬元）。

　　此套用鋼凹版雕刻印鈔技術印製的鈔票，被稱為大清銀行兌換券，又叫「龍鈔」。我們透過圖片可以看到，鈔票正面的左上側圓框內都有一位年輕的清朝貴族，他就是宣統皇帝的父親——醇親王載灃。為何載灃會出現在中國首套鋼版凹刻印製的紙幣上呢？這得從海趣來中國的時候說起。海趣來到中國進行紙幣圖樣設計和鋼版雕刻工作，中美雙方均同意採用皇帝的大頭照作為票面的圖案，但因那時光緒皇帝已經駕崩，宣統皇帝還是一個三歲的孩童，「御容」稚氣未脫，無法作為票面肖像。於是，擔任監國攝政王、清政府的實際統治者載灃，也就順理成章的成為票面人物肖像的不二人選。為此，海趣還特地製作了覲見時穿的朝服前往王府拜見了攝政王載灃。

　　武昌起義後，清朝覆亡，當時這套大清銀行兌換券正在印刷中，未能發

中國第一版鋼凹版鈔票——大清銀行兌換券

行便停止生產，僅有數套票樣流入社會。一九八〇年代末期至一九九〇年代，北京印鈔廠曾複製大清銀行兌換券，作為觀賞幣以供愛好者收藏。

延伸閱讀

大清銀行兌換券計有一元、五元、十元、一百元四種。票券正面左側均為攝政王載灃半身像，正面中央以龍海圖為主景。票券正面下側輔景分別為：一元券大海揚帆，五元券八駿騎士，十元券雄偉長城，百元券農民耕地。正面印有「憑券即付銀幣 × 元全國通用」字樣以及紅色編號。背面印有大清銀行英文行名，並蓋「大清銀行監督」和「檢校印記」兩枚印章。

為了選色，當時總共印了不同顏色的八套試樣，以三十二張試色票裝訂成一冊，徵求皇族大臣的意見，最後議定正面全印黑色，背面一元綠色、五元紫色、十元藍色、一百元黃色。

大清銀行兌換券全套試樣

第四章　近現代篇

中國海關印製的第一套郵票
——大龍郵票

　　說起中國的郵票，最具特色、最為知名的當屬大清海關試辦郵政發行的大龍郵票。這是中國最早自主發行的郵票，是由清政府海關發行的。按照常理，郵票應該由郵政部門發行，為何這套郵票與海關有關呢？這也跟當時的時代背景有關。西元一八四〇年鴉片戰爭以後，侵華列強瘋狂的在中國攫取權利，如海關這種重位要職，外國人自然不會放過。清政府海關總稅務司是英國人赫德（Sir Robert Hart）。赫德想方設法讓清政府同意由海關來試辦郵政，希望以此來掌控中國的郵政大權。赫德將郵政大權攬入手中之後，便交代天津海關稅務司古斯塔夫‧馮‧德璀琳（Gustav von Detring）開辦效仿西方模式的郵局書信館。為了便於郵件的收送，也為了進一步規範海關對書信局的管理，德璀琳籌劃了中國近代史上的第一套郵票——大龍郵票。

大清銀行兌換券

大龍郵票

一套大龍郵票共三枚，郵票的圖案都是正中繪一條五爪金龍，襯以雲彩水浪。透過郵票的顏色和面值區分不同。面值用銀兩計算：一分銀（綠色，寄印刷品郵資）、三分銀（紅色，寄普通信函郵資）、五分銀（桔黃色，寄掛號郵資）。大龍郵票的設計者是誰，到目前為止一直成謎。

關於大龍郵票的印製，有資料記載，德璀琳在書信館開張前一年便向英國寄去印製郵票的訂單，但由於時間太長、週期太久而放棄，後來為了應急，只好請上海海關造冊處先行印製一批。大龍郵票的問世，揭開了中國郵票發行史的序幕。

延伸閱讀

大龍郵票的郵資用銀兩來計算，一兩銀子的百分之一，即一分銀作單位。那麼，一分銀是什麼概念呢？透過換算，相當於當時的十六枚銅板，當時一枚銅板能買一個燒餅，所以說十六枚銅板是相當昂貴的。

因教科書而崛起的商務印書館

西學東漸前的中國，一直採用私塾方式教學，所用教材皆《三字經》、《百家姓》、《千字文》、《千家詩》、《幼學瓊林》、《幼學雜字》、《女二十四孝圖說》等。在西學東漸的年代，這些圖書顯然不適宜新形勢下教學用書的需求，加之中國人口眾多，教學用書印量甚大，新式學校的建立和教學用書的更新，對教科書的編纂和印刷提出了相當急迫的需求，新型教科書的興起和普及因此被提上了日程。

起初，西方傳教士在中國附設了一些西式學堂，引入了西方的教科書。西元一八六八年，上海江南製造局設立翻譯館，翻譯了代數、化學、格致之

第四章　近現代篇

類的書籍。一八九七年，商務印書館在上海成立，創辦人為夏瑞芳、鮑咸恩、鮑咸昌、高鳳池。當時，耶穌教會設立了很多小學，商務印書館看到了英語教科書的市場潛力，於是就請人將英國課本逐篇翻譯，印製成中英文雙語的課本，定名為《華英初階》、《華英進階》。這兩種教材成為英語學習者的首選教材，風行了很多年。透過這次成功，商務印書館在出版界崛起，同時看到了出版教科書的龐大市場潛力。夏瑞芳總結市面上有些出版物無人問津的原因，意識到「彙集書稿出版圖書不是門外漢所能勝任，必須要由真才實學之士擔任，還必須建立自己的編譯所」。於是，在編寫出版新式教科書方面，商務印書館不惜重金攏絡人才，以提高教科書的編寫品質。

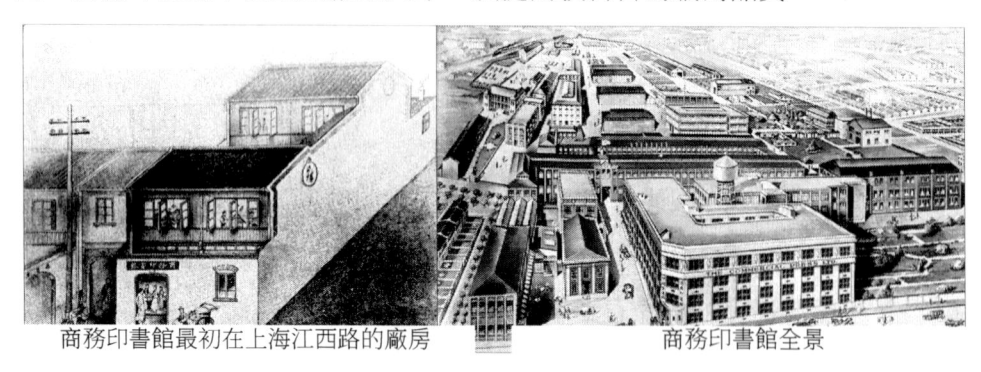

商務印書館最初在上海江西路的廠房　　　　商務印書館全景

夏瑞芳認為，只有張元濟才是他心中最理想的總編輯，於是對張元濟所說的戲言——每月三百五十大洋的「天價」高薪欣然接受。一九〇三年初，張元濟應夏瑞芳邀請加入商務印書館，兩人相約「吾輩當以扶助教育為己任」，共同研究適合當時國情的新式教科書。下面就是幾本有代表性的教科書。

《華英初階》是商務印書館出版的第一部英文教科書，將英國人為印度人編寫的教材翻譯成中文，採用中英文的方式編排。出版後初印兩千冊，不到二十天便銷售一空，於是不斷再版。隨後又編輯出版了《華英初階》的升

因教科書而崛起的商務印書館

級版，定名為《華英進階》。

《最新教科書》教科書，於一九〇四年開始出版。此書基本具備了教科書的體裁，形成了系統完整的教科書體系，編者注重由淺入深，圖文並茂，且教科書內容廣泛，符合少年兒童的學習心理。此外，還把新的西方科技知識編入教材，大大提升和擴大了學生的眼界。隨後，各大書局所編印教科書均在一段時間內有所模仿。《最新教科書》系列的第一部是《最新國文教科書》，也是最基礎、最重要的一部。在形式方面，根據年級來選用文字，每冊限定字的筆畫，由少到多逐漸遞增。教科書採用的文字均為常用字，不取生僻字。在內容方面，規定選用各科的事項，規定各科內容的比例，採用優美的文字表述，並配上與內容有關的插圖等。

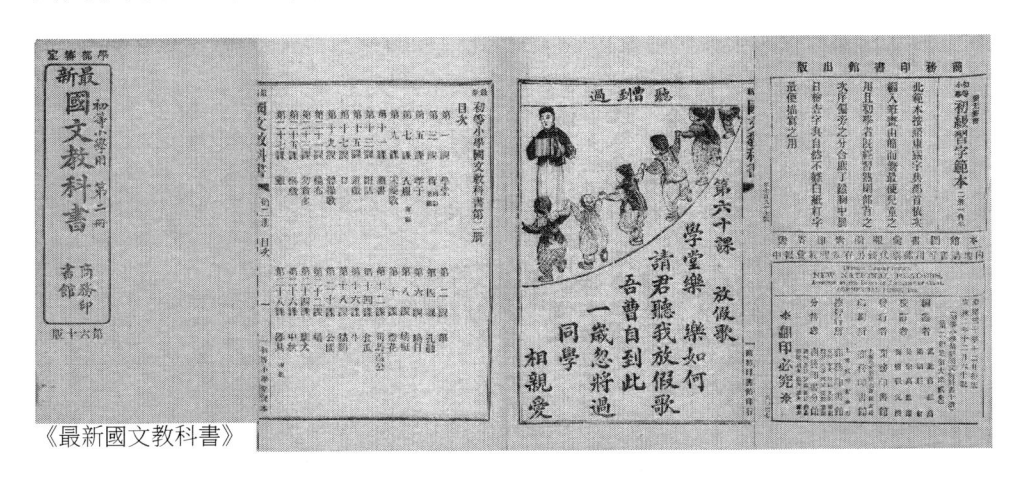

《華英初階》

《最新國文教科書》

第四章　近現代篇

　　新的教科書出現，對整個教育界而言是一場革新。教科書更新換代，老師如何跟上新教科書的步伐，如何將新知識有效正確的教給學生，這對當時的教師來說也是一種考驗。張元濟等人考慮到新學制草創、教科書初定，老師不熟悉新教材和教學法，就編輯出版了《教授法》，隨同教科書一併寄給老師。《教授法》根據課文的內容提供相關資料，講授方法，還加入了練習、問答、聯句、造句等內容，對老師熟悉教材和組織授課有很大幫助。最早配備《教授法》的教科書就是《最新教科書》系列。

　　一九三〇年代之前，中國國內大學都採用英文課本，但有很多弊端，如英文原版書價格昂貴，學生負擔不起；外國教材使用起來，存在語言障礙和國情差異問題。一九三〇年，商務印書館提議有系統的出版大學教科書，並得到蔡元培的重視。一九三一年，商務印書館決定編印《大學叢書》，敦請蔡元培領銜，聯合各界知名人士共五十五人成立叢書委員會，按照各大學必修課目著譯編輯。《大學叢書》的編輯出版對中國出版事業、教育事業的貢獻極大，是中國大學獨立的重要標誌。

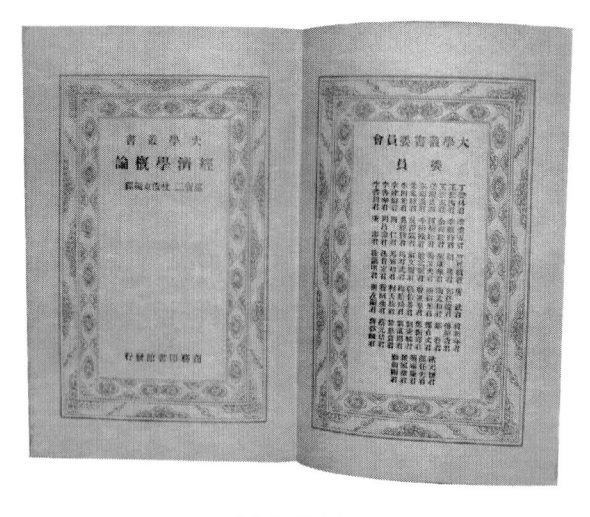

《大學叢書》

因教科書而崛起的商務印書館

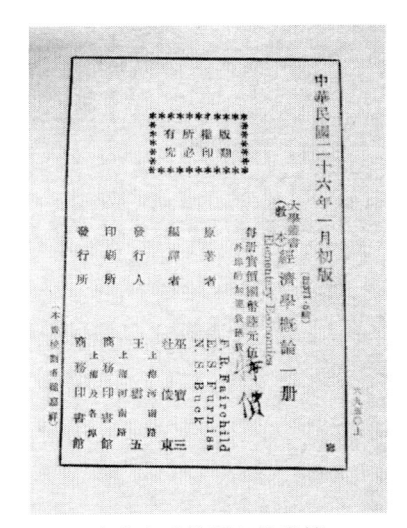

商務印書館編印的書籍

延伸閱讀

一九三二年一月二十八日，日本侵略者用飛機炸毀了商務印書館，大火燒毀了商務印書館用三十年時間建立起來的東方圖書館，全部藏書四十六萬冊悉數燒毀，其中包括善本古籍三千七百多種，共三萬五千多冊。當時號稱東亞第一的圖書館一夜之間消失，價值連城的善本和孤本圖書從此絕跡人寰，這是中國文化史上的一大劫難。但是，商務印書館並沒有「永遠不能恢復」。商務印書館的員工陸續從灰燼中整理出價值約八十七萬的受損物資，修復機器，開辦小廠，逐漸恢復生產。半年之後，商務印書館在上海各報刊登啟事，正式復業。八月一日復業那天，「為國難而犧牲，為文化而奮鬥」的標語懸掛於河南路發行所內，讓無數路人為之動容。

第四章　近現代篇

近代社會中崛起的報紙——《申報》

《申報》創刊號

報紙有著十分悠久的歷史，早在唐代就有將皇帝的諭旨、文臣武將的奏章以及政事動態「條布於外」的進奏院狀了。然而，華人養成每天看報的習慣至今只有一百多年的歷史。近代以來，中國政局動盪，世界局勢風起雲湧，報紙成為人們看世界、了解社會的重要視窗。在這些報紙當中，發行最久、影響最為廣泛的當屬《申報》。

在不少民初題材電視劇中，大上海街道上的報童，或是讀報的人，手上銷售的或看的都是《申報》。《申報》得以成當時最為有影響力的報紙，主要在於其內容以刊登國計民生事業為重任，重視新聞的真實性，並注重反應社會實際情況。許多內容都是大家關心的焦點話題，加之文字通俗，敘事簡潔，因此無論是知識分子還是平民百姓都喜歡閱讀。《申報》從西元一八七二年發刊到一九四九年終刊，歷時七十七年，出版時間之長，影響之廣泛，是同時期的其他報紙難以企及的，在中國新聞史和社會史研究上都占有重要地位。《申報》見證、記錄了晚清以來中國曲折複雜的發展歷程，因此被人們稱為研究中國近現代史的「百科全書」。

近代社會中崛起的報紙——《申報》

《申報》以一般百姓為讀者對象，使得部分華人養成了讀報習慣，了解國內、國際發展局勢。當大批民眾讀報的時候，背後有一批日夜不輟的印刷工人在不辭辛勞的排版印刷。

《申報》（墨江縣檔案館館藏）

商務印書館在《申報》上刊登啟事，宣布全部收回日股。

第四章　近現代篇

可以在石頭上作畫的印刷方式——石印

在中國印刷博物館的展廳裡存放著一塊石頭，它上面反著畫了一幅畫。每當觀眾看到它，都會充滿好奇，這塊石頭跟印刷有什麼關係？為什麼會放在這裡？其實，這就是我們在書本上看過的石印。在石頭上印刷，也是印刷方式的一種，它的原料非常簡單，只需要一塊打磨平整的石頭、油脂、油墨、水和紙。但石印所用的石頭並不是普通的石頭，而是具有多孔、吸水、質地細密且能較長時間保留水分的石版。中國印刷博物館所展示的石印版，是用奧地利一家公司從深海中挖到的石頭磨製而成的。

石印

石印是德國人阿羅斯·塞尼菲爾德（Alois Senefelder）在西元一七九八年實驗成功的。說來，塞尼菲爾德的這項發明也充滿了戲劇性，他一直想自己開創一番事業，成為一名寫劇本、印劇本、出版發行等多重身分的經營者，但由於資金匱乏，只能研究財力能及的複製方法。一日，他的母親來到工作間讓他幫忙記錄一些東西，因為身邊沒有紙和墨，他就隨手用筆沾著特種墨寫在一塊打磨好的石板上。事後，他要清除石板上的字跡時，突然想到可以用硝酸來腐蝕版面上的

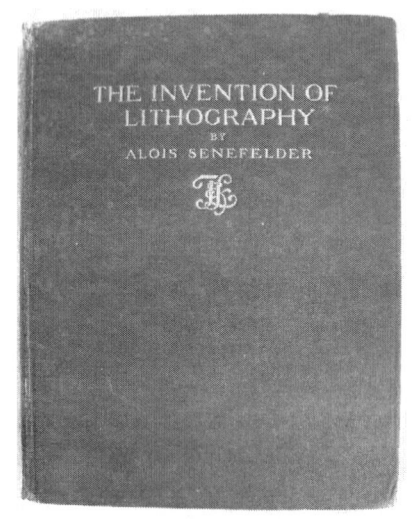

《石版印刷術的發明》

可以在石頭上作畫的印刷方式——石印

字而留下字跡。經過實驗，字跡部分真的能夠清晰無損。在石頭上印刷這項技術便應運而生。

石印

石印機器

西元一八三〇年代，石印技術傳入中國，但剛開始都是用它來印刷宣傳品，影響不是很大。後來，點石齋印刷局所印製的中國古籍、科舉用的書籍、新式的教科書風行一時，其中《康熙字典》在數月內賣出十萬冊，這在中國出版史上是絕無僅有的。之後，點石齋印刷局又印製發行了記錄上海時事的《點石齋畫報》，不僅對石印技術在中國的傳播與發展做出了重大的貢獻，推動了石印技術的普及，而且帶動了印刷行業的革新。

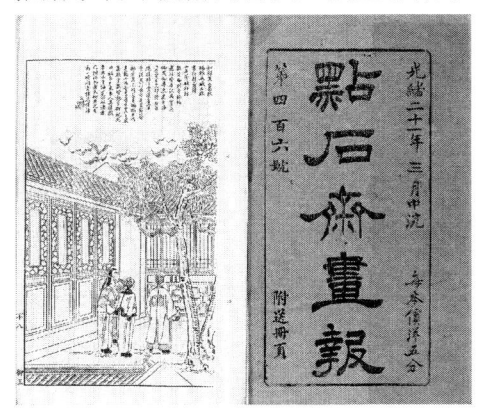

《點石齋畫報》 　　　　　　　　　《點石齋畫報》內頁

第四章　近現代篇

鏡中「玫瑰」
——假以亂真的珂羅版複製法

敦煌壁畫是世界藝術珍品，然而，由於地處惡劣的沙漠乾旱環境中，風蝕和沙塵危害嚴重，窟內壁畫正在迅速惡化。為了保護敦煌壁畫，敦煌壁畫的臨摹工作從一九四〇年代就開始啟動，至今已有七十餘年。但是，臨摹是一個再創作的過程，與原品從色彩到神韻還是有所差別的，這時有人想到了用珂羅版複製法來複製敦煌壁畫，並取得了成功，用珂羅版技術將敦煌壁畫這種不可移動的文物帶到了世界各地。

珂羅版複製需要全手工操作（專業照相、修版、晒版、印刷），印品

珂羅版畫

無網點、專色壓製、無顏色偏差等，是一種最接近原作的複製方式。與其他複製工藝相比，優點是無法替代的。因此，珂羅版複製法常被用於印刷名人書畫、珍貴圖片、文物典籍等高級藝術品。

鏡中「玫瑰」——假以亂真的珂羅版複製法

珂羅版（collotype）複製法是一種傳統的印刷技術，所用的紙是中國傳統的宣紙，但這項技術卻是從國外引進的。珂羅是日文中「膠質」的一個譯音，所以珂羅版又叫玻璃版。珂羅版複製法的特點是傳神逼真，能夠很好保持住筆墨渲染出來的神韻。它起源於德國。西元一八六八年，德國慕尼黑的一名畫家阿爾伯特（Joseph Albert）印出了第一張用珂羅版複製法複製的圖畫，並用於實際生產。珂羅版複製法在光緒年間由日本傳入中國，第一件印刷品是上海市徐匯區土山灣的宗教所印刷的聖母像。但由於珂羅版的印版耐印度不高，每張版大概只能印五百份左右，而且製版的技術相對複雜，很多都需要靠經驗來完成，因此珂羅版印刷的成本較高，產量相對低。

珂羅版印刷機

延伸閱讀

珂羅版複製法的工藝過程包括研磨玻璃、塗感光液、接觸曝光、顯影、潤溼處理，透過水墨相斥的原理進行印刷。技術固然重要，但對於印刷的視覺效果也要有所預見。一幅作品，最重要的是理解藝術家究竟想要表現什麼，了解他一貫的表現風格與創作習慣，分析畫家當時的創作狀態，只有知道每一處筆墨的先後順序，才能原汁原味的營造出色彩疊落的美感，也只有準確把握筆墨拉開的速度，才能精確還原出墨的厚薄程度，最大化的還原真實。

第四章　近現代篇

《紅樓夢》與香菸的故事

在清末和民初時期，吸菸是一種時髦的生活方式，尤其是在天津、上海等大城市，摩登女郎的標誌之一就是會吸菸，因此我們在許多民初時期的影視作品中都會看到手指上夾著細長香菸的美女形象。

為了增加香菸的銷量，煙草商絞盡腦汁想盡辦法要吸引顧客。起初，香菸盒裡的裝飾成為了一個很好的突破點。民初時期，菸盒裡會附贈一張硬卡片，以起到支撐菸盒的作用。而後，香菸廠為了推銷香菸，對卡片進行了設計，做成獨具特色的香菸畫，以起到廣告宣傳與促銷的作用。在這

哈德門香菸廣告

些香菸畫系列中最為知名的，當屬南洋兄弟菸草公司設計的一套一百二十枚的《紅樓夢》人物集錦。

一九二二年，南洋兄弟菸草公司為了與英美菸草公司競爭，在喜鵲牌香菸中附贈了一張《紅樓夢》戲劇人物畫片。這套香菸畫上角標有人名，下角標有編號，背後配以詩詞，印刷十分精美。為了促銷，南洋兄弟菸草公司揚言集全一百二十種者，可領賞一萬大洋。但是，中獎率相當低。因為每十萬套中，只投入了一枚五十八號的「柳五兒」，這是中獎的唯一王牌，所以當

《紅樓夢》與香菸的故事

時都稱其為「紅樓金畫」。一時之間，無論抽菸的還是不抽菸的，無論是販夫走卒還是達官貴人，都開始熱衷於收藏此套《紅樓夢》菸草畫。然而好景不長，一些菸草公司為了打擊喜鵲牌香菸，開始大量仿造五十八號「紅樓金畫」，南洋兄弟菸草公司不得不宣布停止兌獎。由此，許多民眾大為惱怒，以致一段時間裡喜鵲牌香菸無人問津。

在香菸畫出現之前，很少有人會將菸草與中國古典文學人物聯想在一起。而印刷技術的發展與商家的別出心裁，使得兩者得以結合。印刷的發展，使文化得到了發展與傳播。

《紅樓夢》香菸畫

第四章　近現代篇

中國現代印刷業的先驅——柳溥慶

中國印刷博物館的展櫃中有一架老式照相機,這是一件珍貴的歷史文物。

柳溥慶

一九九六年四月三十日,柳溥慶親屬捐贈珍藏遺物照相機。

　　柳溥慶一九〇〇年出生於江蘇省靖江縣,十二歲時輟學,進中國圖書公司印刷所當鑄字童工,後轉入商務印書館工作。由於自身努力,刻苦鑽研,他在一九二三年成為商務印書館技術部副主任。一九二四年,他參加了留法勤工儉學活動,到巴黎印刷學校學習印刷,並在巴黎美術學校學習美術。回國後,他在上海成立照相製版和印刷器材公司,專門印製商標、黃山畫冊等印刷精品。柳溥慶在印刷方面努力鑽研,於一九三五年發明了中文照相排字機,後來擔任北京印鈔廠總工程師,在中國自行印製紙幣的工作中做出了傑出的貢獻。

一九六五年柳溥慶獲中國國家科委（今中國科技部）頒發的《凹版多色接紋逆轉擦版法》發明證書

第四章　近現代篇

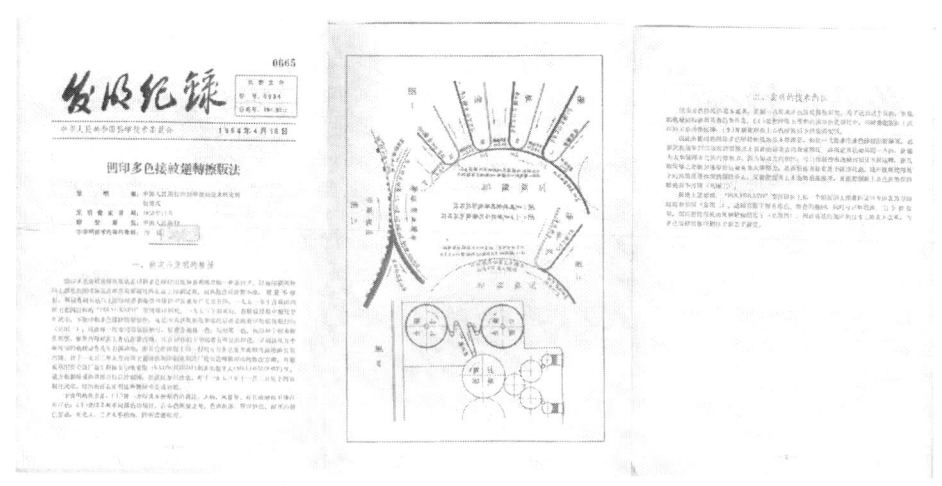

柳溥慶《凹版多色接紋逆轉擦版法》的發明紀錄

柳溥慶將一生全部奉獻給中國印刷事業，為中國培養了大量的技術人才，被譽為中國現代印刷的先驅、二十世紀中國印刷和印鈔業的泰斗、「印刷技術的活字典」。

別出心裁——紙型鉛版的使用

鉛活字印刷術得以廣泛使用，與紙型鉛版的發明有著密切關係。我們的報紙之前都是採用鉛活字排版印刷而成。然而，印刷工匠並非是在一個排版好的鉛活字版上一張一張的印刷，而是在利用鉛活字版複製出的大量紙型版上進行印刷。因此，紙型鉛版又被稱為複製版，它的出現標誌著近代凸版印刷發展到了一個新的階段。

我們知道，活字印刷術比雕版印刷術要便利很多，然而它在中國古代並未得到推廣，一方面在於活字要排完版之後進行印刷，用得越久，活字越少。

別出心裁——紙型鉛版的使用

另一方面，印完之後若需要再次印刷，又得重新排版，十分不便。這些問題使得傳統的活字印刷難以取代雕版印刷而為社會更加廣泛的使用。針對活字印刷存在的這些問題，英國人查爾斯‧斯坦厄普（Charles Stanhope）發明了泥版澆鑄鉛版複製術。他先在排好的鉛活字版上壓製出泥型，然後用泥型澆鑄成鉛版，用鉛版來印刷，之前排版好的鉛活字版可以隨時拆版，此種方法既方便又經濟快速。然而，泥版澆鑄鉛版的方法仍存在不少問題。泥版一經澆鑄鉛版，十分易碎，無法保存。澆鑄出的鉛版一旦損壞，亦無法再行使用。如果要重印，就需

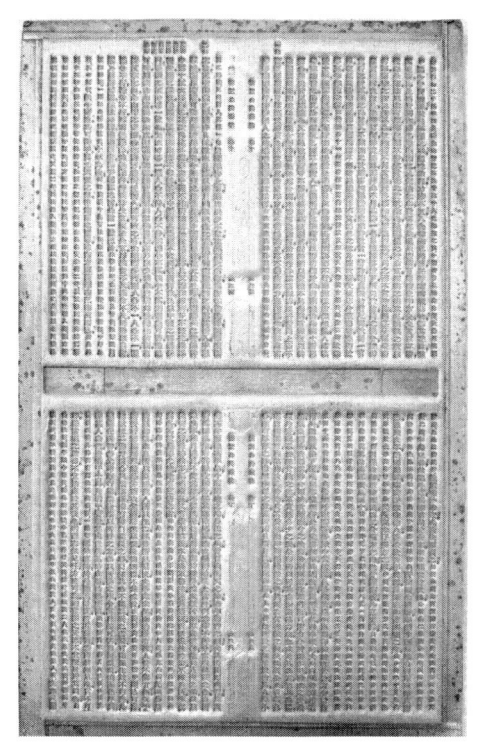

紙型版

要重新排版。針對這些問題，法國人謝羅發明了紙型澆鑄鉛版。紙型鉛版輕便，而且易於保存，一副紙型可以澆鑄鉛版十餘次，為書刊（尤其是報紙）的印刷與發行創造了良好的條件。清末和民初時期的報紙基本上都是用紙型鉛版印刷的。

第四章　近現代篇

考試試卷的故事——謄寫版

　　從古至今，所有的學生都得面臨相同的一件事，那就是考試。考試形式或許有差異，但都離不開一張試卷。如今的考試試卷潔白又乾淨，但對幾十年前的學生而言，讓他們難忘的不僅僅是考試題目，還有試卷上那股讓人難以忘懷的油墨味，以及做完試卷後那一手的油墨印。

　　那時候，要出一套試卷，老師出題後，還要著手印製試卷。每個學校都有一台油印機，加上一支筆、一塊刻版和一張蠟紙，這就是刻印試卷的所有工具。首先將刻版平鋪於桌子上，鋪上蠟紙，將出好的試題用專用的刻筆寫在蠟紙上，施力不能太輕，要不然印出來的試卷就會模糊不清，但也不能施力太重，否則會將蠟紙戳破，印出來的試卷上便會有一個黑色疤點。刻完版之後，便開始印刷，推動墨滾，翻拉成品，一張帶著油墨香的試卷就完成了。

　　油印的學名叫做謄寫版印刷，是一種簡便且成本低的印刷方法，在十九世紀末期傳入中國。最先用這種技術印刷的書籍，是孫師鄭的《四朝詩史》。在抗日戰爭期間，革命根據地缺少鉛印，油印便成為文字宣傳的重要方法。

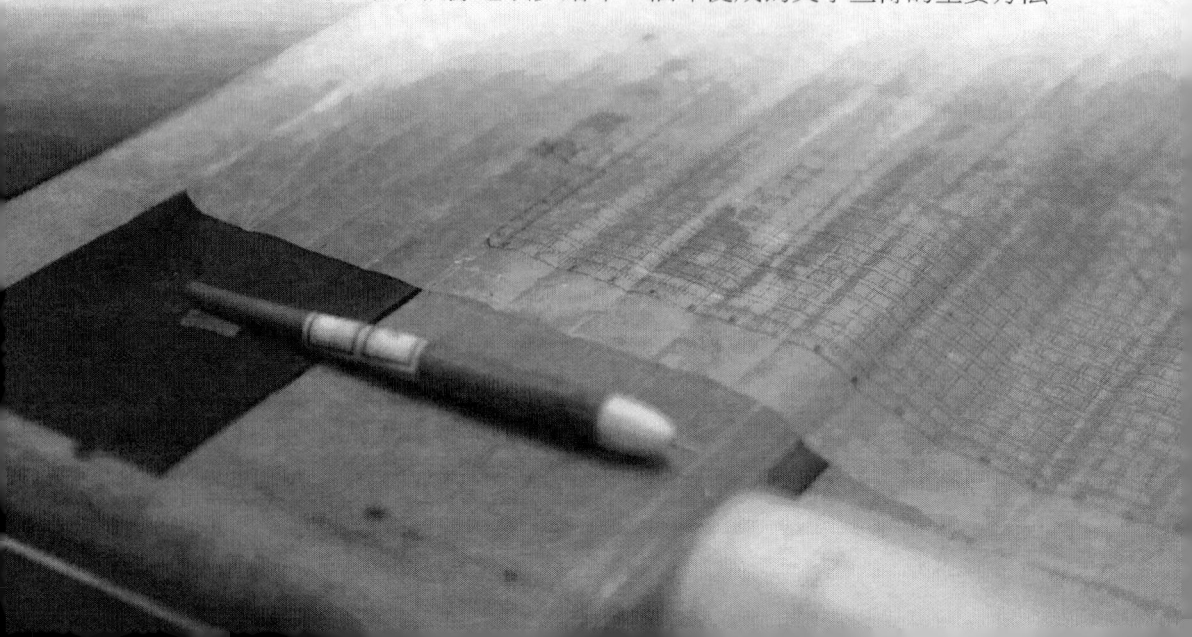

至現代，油印幾乎普及到社會的各個方面，政府部門、學校、軍隊、企業單位、社會團體等，差不多都用手工刻寫蠟紙謄寫版油印。

「一統天下」的平版印刷

平版印刷是由早期石版印刷發展而命名的。不同於活字印刷與雕版印刷中文字是凸出於版面的，平版印刷中圖文部分與非圖文部分幾乎處於同一個平面上。在印刷前，非圖文部分供水，從而保護印版的非圖文部分不受油墨的浸溼。油墨只能供到印版的圖文部分。前面講到的《紅樓夢》香菸畫就是用平版印刷的。除此之外，那些隨處可見的廣告宣傳畫、電影海報，再到富麗堂皇的巨型畫冊，乃至家家戶戶都有的掛曆，都是採用平版印刷技術印刷而成的。平版印刷用於書籍印刷，主要是透過照相的方式將稿子拍下來，然後縮小，做成「小人書」。二十世紀的書籍出版，在一九八〇年之前，除了畫報、畫冊、「小人書」等用平版印刷以外，一般的文字圖書印刷幾乎都是採用鉛活字凸版印刷。

如今的書籍印刷主要採用平版印刷，鉛活字印刷幾乎消失殆盡，印刷廠幾乎不再使用這種技術，年輕人幾乎沒有見過鉛活字。鉛活字印刷在短短三十年的時間裡消失得如此之快，是有許多原因的。

鉛有毒，無人願意長時間與其打交道。然而，為了印刷報紙和書刊，印刷工人使用此種技術長達一百多年。鉛活字笨重落後，鑄字、揀字、存字都十分麻煩，而且鉛版印刷的裝版時間長，揀字工人每天扛著笨重的鉛活字在排字架之間來回走動，因此不少人都有肌肉損傷的問題。

第四章　近現代篇

　　一九六〇年代初，上海勞動儀錶廠開始生產手動式照相排字機，由於生產數量比較少，當時只是在地圖測繪部門使用，在書刊排版方面還沒有形成生產力。一九八〇年代以來，照相排字技術逐步得到運用，取代了鉛活字排版，成為文字排版的最主要方式。工人毋須再澆鑄鉛活字，毋須再在鉛活字架前來回奔波，更毋須為轉移鉛活字版時擔驚受怕。平版印刷的造價和工作效率都比其他印刷方式要好，它與照相排版技術的結合更是直接衝擊了傳統的鉛活字凸版印刷，成為當前印刷書籍的主要方式。

由豎到橫──文字排版形式的變化

　　如果來到中國印刷博物館參觀，你仔細觀察也許會有這樣的體會：在古代館所看到的經卷、書籍，文字的排列方式均為從右至左的豎排，轉到近現代館再看便會發現，既有橫排也有豎排的混排現象。

　　那麼，中國的文字排列是如何從豎排慢慢演變成橫排的呢？接下來，我們就來探究一下文字排列的演變過程。中國古代的文字排列為何是從右至左豎列，從中國古代早期的書寫載體──竹簡可以看出端倪。竹簡呈細條狀，是豎向而立，由上而下排列書寫。

一九五五年一月一日《光明日報》發表的《為本報改成橫排告讀者》

這個延習了近千年的書寫習慣，隨著西學東漸、中國國門的打開而有了改變，新思潮的衝擊讓人們發現英文書寫形式與中文書寫形式有很大區別，採用的是從左到右的橫排，在後來的學習過程中，人們發現豎版排列對於英文的書寫很不方便。中西文化的碰撞使當時中國的文化界出現了不同的聲音，甚至有人提出廢除漢字的意見。一九一五年新創刊的《科學》雜誌成為第一個採用從左到右的橫排方式，在創刊詞裡這樣寫道：「本雜誌印法，旁行上左，並用西文句讀點之，以便插寫物理化學諸程式，非故生好奇，讀者諒之。」基本意思就是，他們採用橫排，並非因為好奇，而是因為這種排版方式便於插寫一些物理、化學等公式和程式。以此可以看出，橫排已經慢慢開始融入到當時中國文字的排列方式中。

印刷機械的中國製造

來到中國印刷博物館的機械展廳，你會發現中國近現代早期的印刷機械都是引進自國外。那麼，何時中國才開始創造國產印刷機械的呢？這就要追溯到北京人民機器廠，從仿製國外印刷機到自主創新，是其重要發展過程。中國人具有自主創造性的一

上海生產的輪轉機

台印刷機器是鉛字印刷機，當時是仿照國外的鉛印機來做的，但是國外的鉛印機是雙面的，很笨重，而且造價比較高，所以當時青年印刷廠廠長楊樹斌建議將雙面改為單面。當時製造了一百台左右，在雷射排版膠印沒有成功之

第四章　近現代篇

前,這種印刷機是印刷廠的「主要勞動力」。

雷射排版問題解決後,中國需要從國外大量引進四色機,每台需要幾百萬乃至上千萬的費用,因此中國急需製造屬於自己的四色印刷機。一九八〇年代,北京人民機器廠開始試製四色膠印機,並於一九八六年製造出第一台中國自主生產的四色膠印機。

北人四色印刷機

中國印刷術的新紀元
——王選漢字資訊處理技術

如果時間倒退到一九七八年以前,你會發現,那時的人們面臨著一個很大的困難,為此還差點用拼音代替漢字。到底是什麼樣的困難,讓中國面臨如此重大的抉擇?

中國印刷術的新紀元——王選漢字資訊處理技術

一九七〇年代，西方的電腦技術突飛猛進，然而在中國，除了各種客觀條件的限制之外，還要解決一個重大的技術難關——漢字如何在電腦中實現高效輸入與輸出，也就是漢字資訊處理技術。西方國家所使用的語言，一般只有幾十個字母（英文為二十六個字母），字形簡單，資訊量較少，文字相對容易處理。而中國漢字字數多，印刷用的漢字字體也多，字型大小也不同。這不僅是中國人頭痛的問題，日本、韓國乃至全世界的研究人員都想攻克這個難題，但均以失敗告終。

一九七四年八月，中國開展了一項以「漢字資訊處理技術」為課題的七四八工程科研專案。一九七五年，當時三十八歲的王選接受了這項科研專案三項子專案之一的漢字精密照排工作。

七四八工程全電子式漢字精密照排系統方案說明藍皮書

王選及其團隊毅然跨越當時日本流行的光機式二代機和歐美流行的陰極射線管式三代機，直接瞄準國際先進的四代機——雷射排版系統進行攻關研製。漢字資訊的儲存，是他們面臨的第一個問題。最初，王選希望透過點陣的方式來記錄漢字字形資訊，但研究發現漢字字形的資訊量高達上千億位元組，他被驚呆了。這時，王選的數學背景發揮了重要作用，他很快想到了用

第四章　近現代篇

輪廓加參數的數學方法來描述漢字字形。經過與妻子陳堃（音ㄎㄨㄣ）教授的不斷統計和計算，他終於透過軟體在電腦中類比出「人」字的第一撇，這是漢字資訊處理技術的重大突破。隨後，他又攻克了漢字壓縮資訊的高速還原和輸出方案，打開了用電腦進行漢字資訊處理的大門，先後獲得了歐洲專利和八項中國專利。一九七八年，北京大學、濰坊華光和杭州傳真機廠共同研製出第一套樣機，在新華社排印內部稿件邊使用邊改進，到一九八七年終於在經濟日報社投入正常生產。

經濟日報社最後一塊鉛板

《經濟日報》

繁華精妙──榮寶齋

一日，著名書畫家齊白石被請去辨別兩幅畫作，被告知其中一幅為他的真跡。老人打量了很久，終究搖著頭無奈的說道：「這個我真的看不出來……」這幅讓齊老無法辨識的畫作究竟是誰臨摹的呢？

齊老無法辨識的畫作其實是榮寶齋製作的一幅木版浮水印畫作。榮寶齋是馳名中外的中華老字型大小，創立於十七世紀，起先是一間賣宣紙和書畫的店鋪，後來因從事餖版印刷而享譽中外。以往的餖版

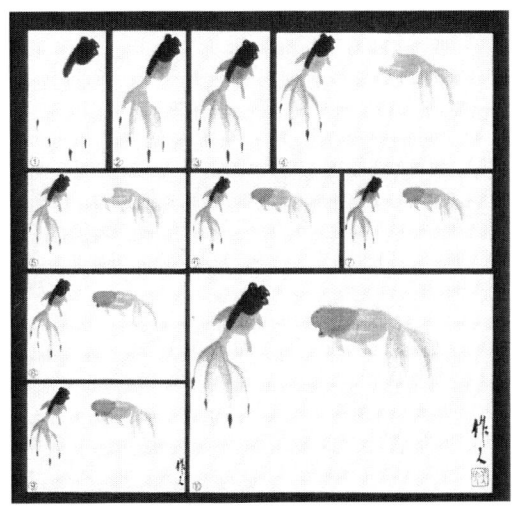

以吳作人先生所作的金魚為例，複製作品便是以十套版依次印製而成。

印刷，是以餖版和拱花並稱的，至現代，榮寶齋賦予餖版印刷新的名字──木版浮水印。而榮寶齋最傑出的印刷品代表當屬被後世公認的木版浮水印巔峰之作──《韓熙載夜宴圖》。這幅畫的刻版共一千六百六十七套，每幅畫需印刷八千多次，只複製了三十五幅，共計印刷高達三十萬次。這三十五幅《韓熙載夜宴圖》印製完成後，直接被北京故宮博物院定為「次真品」，意指它的珍貴程度僅次於真品。

榮寶齋

繁華精妙──榮寶齋

榮寶齋創作的木版浮水印畫作《百花齊放》

　　榮寶齋的木版浮水印技藝是傳統書畫復原技術和雕版套印技術的傑出代表，具有多方面的科學與文化價值。

第四章　近現代篇

歷史的見證——近現代印刷機械

　　中國印刷博物館有一個展廳，名為印刷機械館。廳如其名，進入展廳，你就會被琳琅滿目的印刷機械驚嘆到。這裡存放的都是印刷廠更新換代後「退休」下來的機器，從功能上可以分為文字排版設備、圖像製版設備、印刷機械設備、印後加工設備。

　　它們是印刷發展歷史的見證者。

四色印刷機

地下機械展廳

歷史的見證——近現代印刷機械

米力機

在你的想像裡，一台巨大的印刷機能有多大？在展廳裡，最大最重的機器重達幾十噸，是一台美國製造的米力機，由上海菸草集團捐獻。放眼全世界，這種機器只有這一台了，其他的那些早在工業時期就被拿去熔鐵再利用了。

打字機

照排機

141

第四章　近現代篇

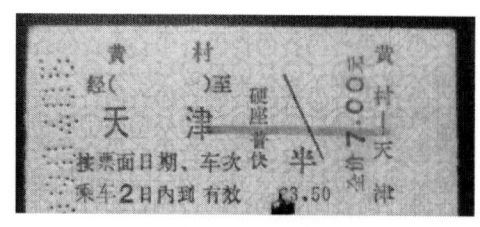

卡片式火車票

不知道你有沒有見過這樣一種火車票，一張小小的長方形硬紙板，承載著整個旅程的所有資訊。這就是在電子售票機和自動售票機的出現之前，人們一直使用的卡片式火車票。中國印刷博物館內展出的卡片式火車票印刷機由鐵道印刷廠捐贈，是印刷卡片式火車票的專業機器，為凸版印刷。

火車票印刷機

東方書籍的魅力

印刷術是一門技術，也是一門藝術。書籍是印刷術一展風采的最佳載體。如今，傳統的紙本書籍在閱讀中所占的比重逐年降低，電子書在我們生活中占據了越來越重要的地位。我們不禁要問，幾百年後、幾千年後，我們的書會是什麼模樣？

從二〇〇三年起，中國舉辦了「中國最美的書」評選活動，每年評出二十本精美圖書，代表中國參與「世界最美的書」的評選，展現華人傳統圖書製作技藝，彰顯東方文化魅力。「世界最美的書」評選活動由德國圖書藝

精美書籍

第四章　近現代篇

術基金會、德國國家圖書館和萊比錫市政府聯合舉辦，每年在萊比錫舉辦一次，是當今世界圖書裝幀設計界的最高榮譽，反映世界書籍藝術的最高水準。

隨著時代的發展，精品書籍印刷不斷朝著藝術之路發展，將現代印刷技術與中國傳統書籍裝幀藝術結合，展示傳統文化之美，又突出現代印刷的細膩與精緻，這或許就是我們未來紙質書籍的模樣。

精美書籍

森林裡的魔幻印刷──綠色印刷

在中國印刷博物館，有一處地方特別受小朋友歡迎，那裡的桌椅板凳都是紙質的。更為神奇的是，那裡的圖書與我們平時閱讀的書籍不一樣，它們是採用最新的綠色環保油墨印刷的。在那裡，你可以真正接觸到「純天然綠色無污染」的書籍。

那麼，綠色印刷是什麼呢？綠色印刷是指採用環保材料和工藝，印刷過

程中產生污染少,節約資源和能源,印刷品廢棄後易於回收再利用,可自然降解,對生態環境影響小的印刷方式。健康有益,環境友好,科技創新,是綠色印刷的主要優點。

印刷業與我們的日常生活緊密相連,我們每個人每天都要接觸大量的印刷產品,如書籍、包裝、服裝、玩具、戶外廣告等,可以說,綠色印刷是關乎全體人民身體健康的大事。

中國印刷博物館「森林裡的魔幻印刷」——綠色印刷展廳

中國印刷博物館於二〇一四年十二月設立了綠色印刷成果展,真實記錄了綠色印刷的整個過程,有文字知識的科普,有實物展品的展示,有參與其中的遊戲。在這裡,你可以了解綠色印刷的印製過程,可以看到如何用油墨來養魚,可以在魔法遊戲中過關斬將……。

3D 列印技術

在二〇一二年的《十二生肖》電影中,主人公進入北京故宮快速複製出十二生肖獸首的場景,讓 3D 列印技術進入了普通大眾的視線。二〇一三年,一篇名為《3D 列印「氣管」成功拯救男嬰生命》的新聞讓人驚嘆。二〇一七

第四章　近現代篇

年在某電視節目中，專家講到3D列印能夠一步解決飛機上價值五億的二十公斤鈦合金型材。現如今，3D列印技術已經被運用到社會生活的各個領域！

讓我們先來了解一下3D列印技術的原理。3D列印也是透過印表機來操作的，與我們日常所用的普通列印機工作原理基本相同，只不過，普通印表機的列印材料是墨水和紙張，而3D印表機內裝有金屬、陶瓷、塑膠、砂等不同的列印材料，透過電腦控制，將列印材料一層層疊加起來，最終把電腦上的數位模型檔變成實物。看到這裡，你一定好奇3D列印技術還能印出什麼東西來。那麼，我們接下來就來講一講，3D列印技術都能列印哪些東西。用3D列印技術列印鑰匙鏈、手機殼、相框這些生活用品已經非常普遍，列印衣服、鞋子、食品、汽車、房屋、各種機械零件也已然不在話下。最值得欣慰的是，3D列印技術目前已經融入到醫學界，能夠為人類提供所需的骨骼乃

3D列印的畢昇像

3D 列印技術

至器官,如頭蓋骨、胸腔、心臟、義肢、血管等,其中 3D 生物血管印表機能列印出血管獨有的中空結構、多層不同種類細胞,這是世界首創。目前,3D 列印技術已經涉及航太、醫學、汽車、電子、食品等領域。3D 列印技術已經融入到人們生活的各方面,也許多數人在日常生活中還感受不到,但這項技術早已在潛移默化中改變著人們的生活方式。

第四章　近現代篇

第五章 傳播篇

第五章　傳播篇

中國是印刷術的故鄉，印刷術的根在中國。在全球文明交流與互鑑的過程中，中國的印刷術逐步傳播到世界其他國家。從唐代開始，在遣唐使、商人、僧侶等的推動下，中外交流頻繁，不少中國印刷品傳到了海外。宋、元、明三朝之際，中國與世界的關聯更為緊密，中國印刷技術得以向西方國家傳播。在印刷術的傳播過程中，有不少經典故事值得回味。

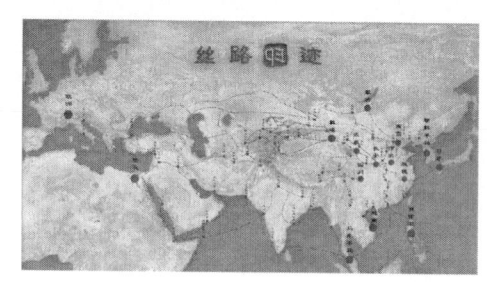

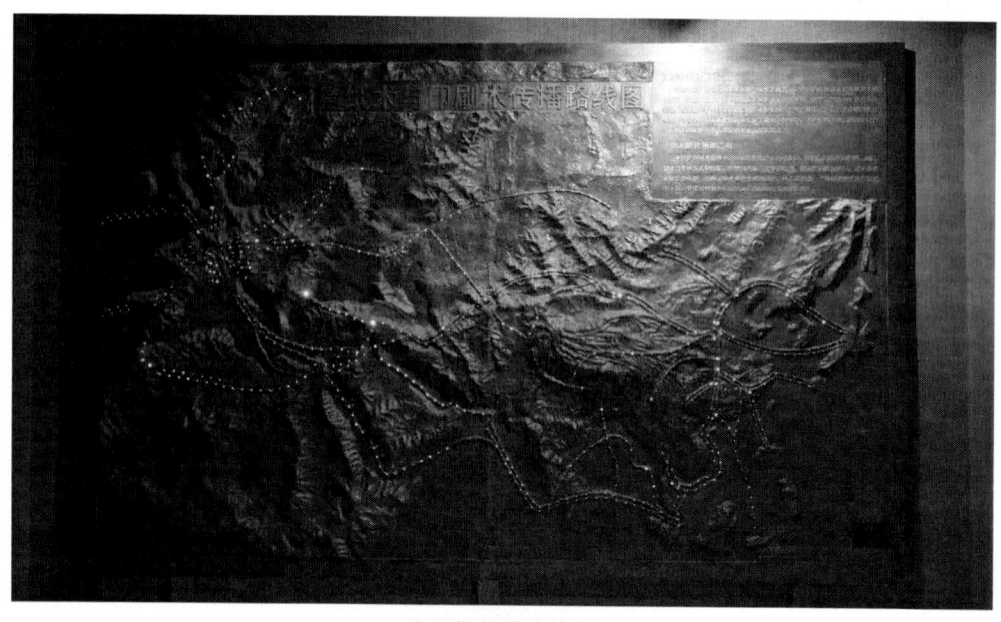

印刷術外傳路線圖

遠揚海外的經書
——《無垢淨光大陀羅尼經》

《無垢淨光大陀羅尼經》，也許你覺得這個名字十分不好記，但它是中國唐朝時期一本十分著名的暢銷書，當時的佛教徒人人都知其名，其盛名更是遠播海外。西元七七〇年，日本天皇刻印此經一百萬卷，足見其影響之深。

《無垢淨光大陀羅尼經》（複製件）

《無垢淨光大陀羅尼經》主要是宣傳造佛塔、持誦該經書可延年益壽、消災彌難的思想。誦讀此經，並將其置於佛塔供奉，可滅一切罪，除一切障，滿一切願，成就功德無量，可護佑平安。這部經書是在西元七〇一年由唐朝高僧法藏和中亞古國吐火羅國高僧彌陀山於洛陽翻譯，最初命名為《無垢淨光陀羅尼經》，之後被進獻給武則天。武則天獲得此經後大為欣喜，在經名中加了一個「大」字，遂定名為《無垢淨光大陀羅尼經》。

一九六六年，韓國在慶州市佛國寺釋迦塔內發現了一份《無垢淨光大陀羅尼經》。由於年代久遠，經文已經殘破成幾塊。學者發現，這部經書印有

第五章　傳播篇

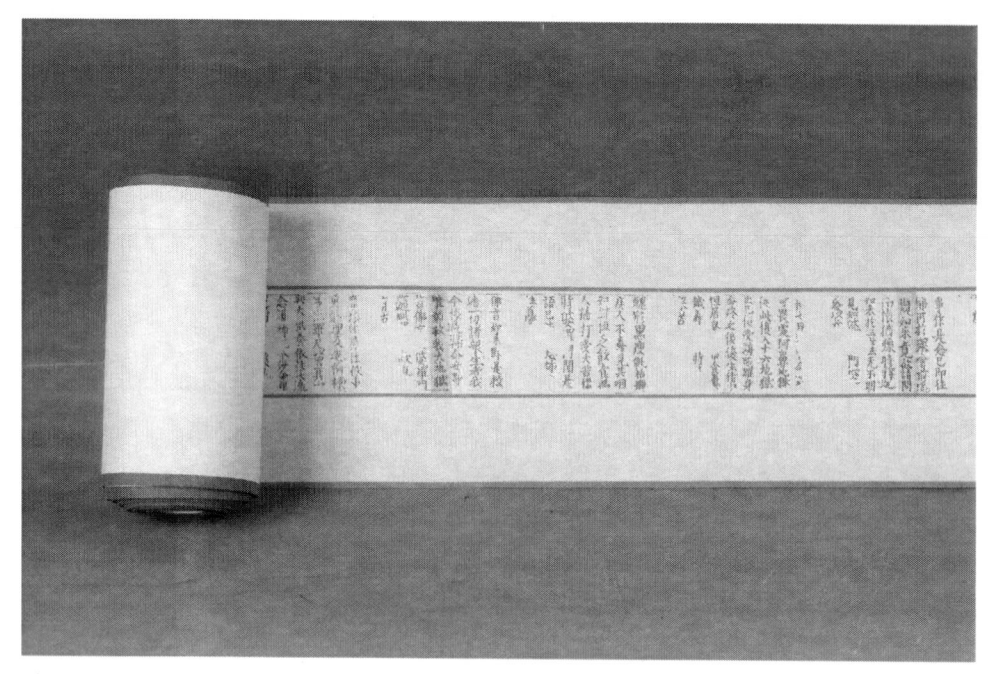

武則天所創造的文字，因而其刻印時間遠遠早於被發現的其他雕版印刷品，可以說是目前所知世界上最早的雕版印刷品。在中外學者的不斷研究下，透過對經文的版式、文字、紙張及相關歷史進行研究，最後確認這卷經書應該是於西元七〇四至七五一年在中國洛陽刻印，最後由使節帶到韓國。此卷《無垢淨光大陀羅尼經》是中國印刷品傳至朝鮮半島的重要物證，也是唐朝時期中韓文化友好交流的重要見證。

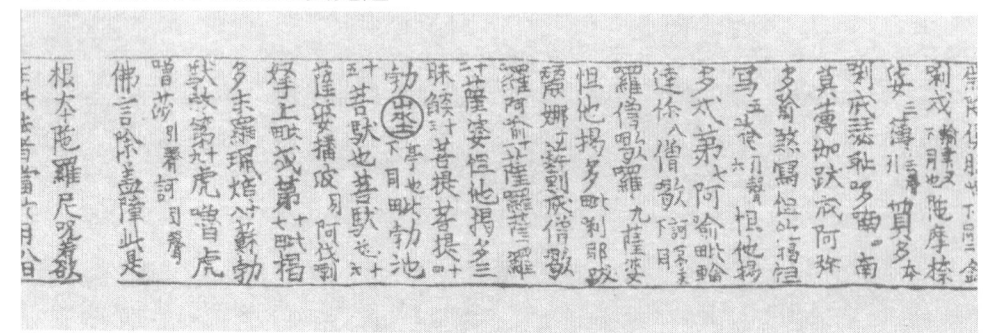

武則天所創造文字「地」

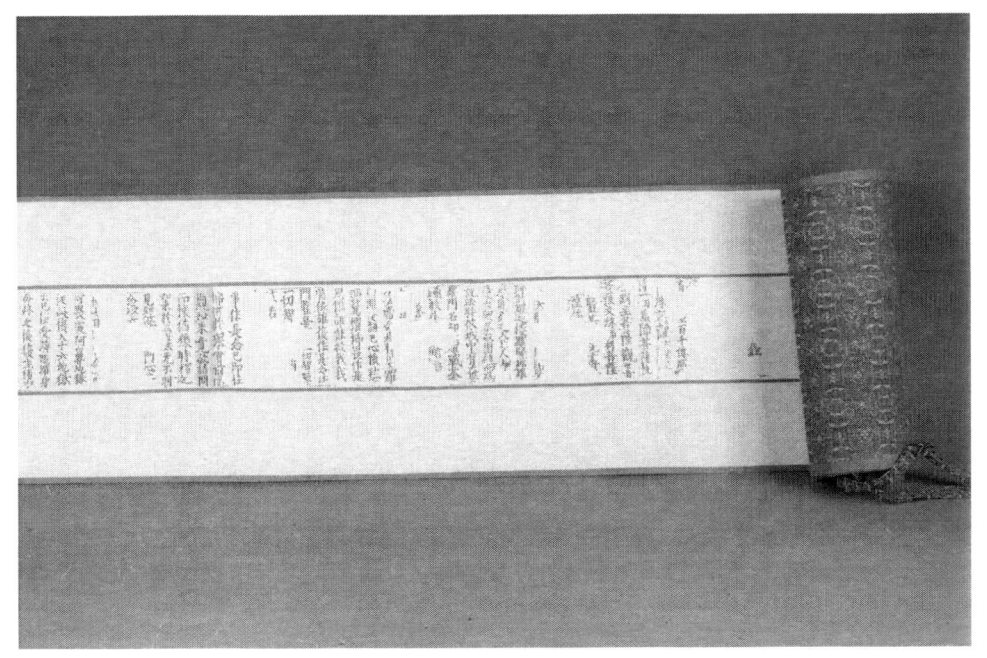

韓國《無垢淨光大陀羅尼經》

高麗大藏經

　　高麗是第二個統一朝鮮半島的國家，全國上下信奉佛教。西元九八三年，北宋政府刊印完中國歷史上第一部佛教大藏經《開寶藏》後，高麗國王三次派遣使臣前來求法，期望也能刻印高麗版大藏經。然而，西元一〇〇九年高麗國內發生政變，武官康兆將國王殺死。由於高麗國王自稱為北方遼國的臣子，一〇一〇年遼國以康兆弒君及遼使被殺為由，出兵征伐高麗。高麗新君顯宗倉皇出逃。在南方避難的時候，顯宗與群臣發願，若遼國退兵，就刻印大藏經。湊巧的是，顯宗發願刻經後，遼國軍隊因擔心戰線拖得太長，糧草

第五章　傳播篇

不濟，就班師回朝了。顯宗覺得是佛祖庇佑，高麗國才得以倖存，因此開始雕刻高麗版大藏經，此部大藏經的經文風格與北宋政府刻印的《開寶藏》基本一致。

西元十三世紀，北方蒙古日漸強盛，四處開疆拓土。高麗高宗遷都江華島，開始刊刻大藏經，希望借助佛教的力量來驅逐外敵、凝聚民心，共歷時十六年刻成。此版大藏經共用雕版八萬餘塊，故稱「八萬大藏經」。在完成這部卷帙浩繁的經書刊刻之後，高麗國王為了鞏固統治，答應將世子作為人質，蒙古帝國才退軍。西元一二七三年，高麗投降元朝，成為元朝的附屬國。目前，該大藏經經版存於海印寺。

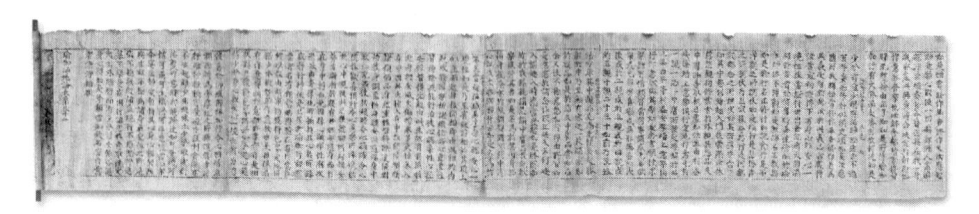

> **延伸閱讀**
>
> 八萬大藏經的名稱非常繁多，有「高麗高宗官版大藏經」、「高麗大藏經」、「高麗再雕藏經」、「大藏都監版大藏經」、「新雕高麗大藏經」、「海印寺大藏經」等。二〇〇七年，在第八次聯合國教科文組織文獻遺產國際諮詢委員會上，八萬大藏經以「海印寺高麗大藏經版及諸經版」的名稱登載於「世界記憶遺產名錄」。

《瑜伽師地論》韓國國立博物館

《佛祖直指心體要節》

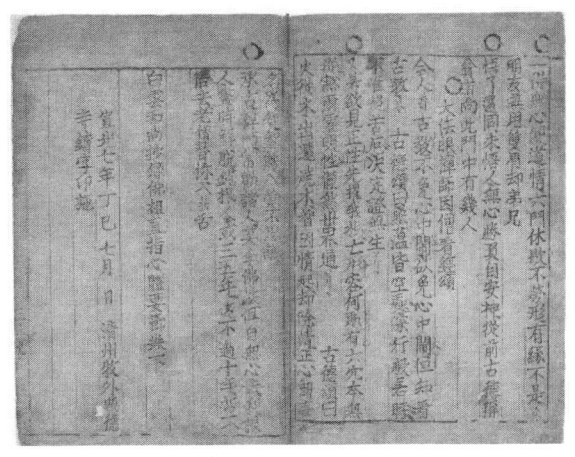

《佛祖直指心體要節》是一本在韓國家喻戶曉的佛經。韓國人以它為驕傲，不僅一些街道以此經命名，教科書中有所記載，而且韓國政府更是以此經設立了「直指國際文化節」與「直指世界記憶獎」。那麼，該經是怎麼來的？為何如此重要？

《佛祖直指心體要節》

在北宋慶曆年間，畢昇發明了泥活字印刷術。此種方法不僅可以節約成本，免去了刻版的費用，而且很好的提升了印刷效率。此種技術後來傳到了朝鮮半島。西元一三七七年，韓國興德寺出版印刷了高僧白雲和尚彙編的《佛祖直指心體要節》。此本經書的內容並沒有太多的特色，其特殊之處在於文中的一句話──「宣光七年丁巳七月日清州牧外興德寺鑄字印施」。這句話標明了該書的發行時間為一三七七年，是採用金屬鑄活字排版印刷而成的。

韓國學者發現，這本書是目前世界上發現的最早的金屬活字本。中國雖是活字印刷術的發明國，發現有宋元時期的金屬活字，但是尚未發現早於一三七七年的金屬活字印刷本。中國活字印刷術傳入朝鮮半島後，極大推動了當地的文化發展。二〇〇一年九月，《佛祖直指心體要節》被聯合國教科文組織收入「世界記憶遺產名錄」。然而這本書並未保留在韓國。西元

第五章　傳播篇

一八八七年，法國駐漢城（今南韓首爾）公使德普蘭西（Victor Collin de Plancy）獲得此書，如今藏於法國國家圖書館。

> **延伸閱讀**
>
> 　　「世界記憶遺產名錄」是由聯合國教科文組織世界記憶工程國際諮詢委員會確認符合世界意義的文獻遺產項目。這些寶貴的文獻遺產是世界精神文化的一面鏡子，承載著人類重要的精神財富。截至二〇一六年，中國已經有十項文獻遺產列入「世界記憶遺產名錄」。它們分別是中國傳統音樂錄音檔案、清代內閣祕本檔、雲南省麗江納西族東巴古籍、清代科舉大金榜、清朝「樣式雷」建築圖檔、《黃帝內經》、《本草綱目》、僑批檔案、元代西藏官方檔案、南京大屠殺檔案。

朝鮮崔溥的「奇幻漂遊記」

　　西元一四八八年，朝鮮人崔溥在接到父親去世的消息後，從海邊乘船回家奔喪，結果不幸在濟州遇到了大風浪，在海上漂流了十四天後，最後他發現自己來到了中國，於是開啟了一段傳奇之旅。他與同伴從江南出發，沿大運河北上，在北京觀見了明朝皇帝，之後由陸路回到朝鮮國。回國後，他把這段經歷寫成了「日記」，以《漂海錄》之名進呈給朝鮮國王。這本「遊記」因為記載了明朝弘治年間社會、政治、經濟、市井生活等各個方面，有不少關於中國的故事，因此在朝鮮大受歡迎。現存《漂海錄》最早的印本是朝鮮成宗年間以甲寅銅活字印行的，現藏於韓國高麗大學校圖書館。甲寅字是朝鮮王朝使用最為廣泛的銅活字，當時重要的書籍均用其印刷。

印刷文化的傳播使者——鑑真

《漂海錄》

延伸閱讀

朝鮮世宗十六年甲寅（西元一四三四年），以明永樂十七年（西元一四一九年）所贈送《孝順事實》以及《為善陰騭》等內府刊本字體鑄字，稱為甲寅字。此款字體精美，造字精細，被稱為「朝鮮萬世之寶」。

印刷文化的傳播使者——鑑真

鑑真像

鑑真是唐代的一位得道高僧，佛教律宗南山宗傳人。應日本高僧請求赴日弘揚佛法，鑑真不畏艱險，曾先後六次嘗試東渡日本。當時由於造船技術的局限和對季風規律掌握的差距，從揚州穿越東海經常發生船毀人亡的事故，沒有視死如歸的冒險精神是不敢揚帆啟航的。在前五次的東渡嘗試中，鑑真均未能成功。尤其是在第五次東渡過程中，鑑真及其門徒在海上漂流了十四天，最後到了海南

第五章　傳播篇

島。回寺的途中，得力弟子先後去世，鑑真深受打擊，以致雙眼失明。然而一系列挫折並未使鑑真退縮，反而愈發堅定了他東渡日本傳法的信念。西元七五三年，六十多歲高齡且已失明的鑑真大師隨日本第十次遣唐使團最終抵達了日本，受到日本朝野僧俗的盛大歡迎。

當時，日本的天皇、皇后、皇太子和其他高級官員都接受了鑑真的三師七證授戒法，皈依佛門。西元七五九年，鑑真在奈良唐招提寺著《戒律三部經》。由於求經的人過多，鑑真採用了雕版印刷術來印經，此被視為日本印經之開端。此後，更多僧侶運用此種方法來印佛經、佛像。印刷術的使用為日本文化的發展做出了不可磨滅的貢獻。西元七六三年，鑑真於唐招提寺圓寂，終年七十六歲，被日本人民譽為「天平之甍」（甍，音ㄇㄥˊ），象徵日本奈良時代天平時期的文化屋脊。

作為中日文化友好交流的使者，鑑真在日本傳播了中華優秀的文化成就，被讚為日本「文化之父」。

延伸閱讀

從西元七世紀初至九世紀末，日本為了學習中國文化，先後向唐朝派出十幾次遣唐使團。其次數之多、規模之大、時間之久、內容之豐富，可謂中日文化交流史上的空前盛舉。遣唐使對推動日本社會的發展和促進中日友好交流做出了重大貢獻，結出了豐碩的果實，成為中日文化交流的第一次巔峰。

日本刻經史上壯舉──百萬經塔盛經書

「百萬塔陀羅尼」為日本佛教史上的一大盛舉。西元七七〇年，稱德天皇用印版複製了一批密宗咒語《無垢淨光大陀羅尼經》，將其安置於一百萬座小木塔中。世人稱之為「百萬塔陀羅尼」。如今，日本仍保存著數量不少的存經木塔與經文。

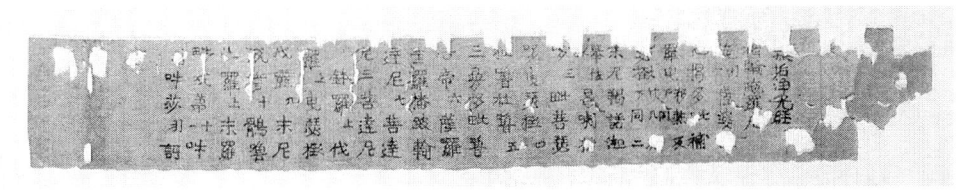

《百萬塔無垢淨光經》

主持刻經工程的稱德天皇，原稱為孝謙天皇，是聖武天皇次女。由於深迷佛法，她於西元七五八年讓位於淳仁天皇，遁入空門，自稱孝謙上皇。西元七六四年，外戚藤原仲麻呂發動叛亂。叛亂初起時，孝謙上皇發弘願，如能平叛，願造百萬佛塔，每塔置佛經一卷。是年，成功平叛，孝謙上皇重登皇位，改稱稱德天皇。為還佛願，稱德天皇開始著手進行刻經工作，選用了《無垢淨光大陀羅尼經》中的《根本》、《自心印》、《相輪》和《六度》四個陀羅尼經咒，分別置於百萬經塔之中。稱德天皇刻印如此多的佛經，與其本人深信佛法密切相關。《無垢淨光大陀羅尼經》講求多造塔、多刻經，刻經、造塔越多，功德越高，就可消災彌難，延年益壽，獲無量福德，成辦道業。稱德天皇雖造佛塔達百萬之多，然而在刻經完成當年即去世。

第五章　傳播篇

旅日漢人的印刷故事

　　南宋王朝建立之後，雖偏安一隅，但一直內憂外患不斷。時局動盪，不少漢人前往海外避難，高僧大休正念便是其中一個代表。大休正念是南宋臨濟宗高僧。應日本鎌倉幕府北條時宗的邀請，大休正念東渡日本，傳授禪宗臨濟宗禪風，在日本創禪宗佛源派（也稱大休派）。大休正念為日本禪學的發展做出了卓越貢獻。西元一二八四年，他主持印刷了《法華三大部》，該書中印有「大宋人盧四郎書」字樣，說明除大休正念外，當時也有不少漢人工匠留在日本，直接參加了日本的印刷活動。

　　西元一三六七年，福建刻工俞良甫、陳孟榮、陳伯壽等人抵達日本，在京都參加刻書工作，甚至自行開業。其中以俞良甫最為知名。他在日本印書三十年，刊刻了不少帶有中國烙印的書籍，在不少書籍的後面都會表明自己是中國人，如「中華大唐俞良甫學士謹置」、「大明國俞良甫刊行」、「福建興化路莆田縣仁德里人俞良甫，於日本嵯峨寓居」。書中的中華大唐、大明國、日本寓居等字樣，都表達了俞良甫思念故鄉的情懷。

　　明末清初之際，福建隱元禪師應幕府之聘來到日本。西元一六六一年，他在京都建黃檗山萬福寺，創黃檗宗。宗門弟子鐵影觀摩隱元禪師所藏真經之後，堅定了追求無上真理、解救大眾苦難的信念，發出翻刻《大藏經》的宏願。鐵影為籌募經費，沿門托缽化緣。最終，鐵影在隱元禪師的協助下，於一六六九年至一六八一年用六萬塊櫻桃木雕版，印成了全部《大藏經》。因為這部經是在黃檗山萬福寺刻印的，所以被稱為「黃檗版」，這套雕版今天還保存在萬福寺中。

　　可以說，日本印刷業的發展與中國工匠的幫助是分不開的，旅日漢人在

日本刻印了不少經典，同時培養了一批優秀刻工，對日本印刷事業的發展做出了重大貢獻。

活字印刷傳入日本

　　西元一五九二年，日本入侵朝鮮半島，意欲圖謀中國。在入侵朝鮮國之後，日本人將在中國影響下的朝鮮活字技術帶回國，並於次年以活字印刷術印刷了《古文孝經》。一五九七年，日本又印刷了活字本《勸學文》。該文題記中寫道：「命工每一梓鏤一字，某（音ㄑㄧˊ）布之一版印之。此法出朝鮮，甚無不便。因茲摸寫此書。慶長二年（一五九七年）八月下澣。」意思就是，每一塊版上刻一活字，排版好後印刷。日本的活字印本，以木活字為多，有少量的銅活字。在日本，也有不少漢人參與了當時的活字印書活動。

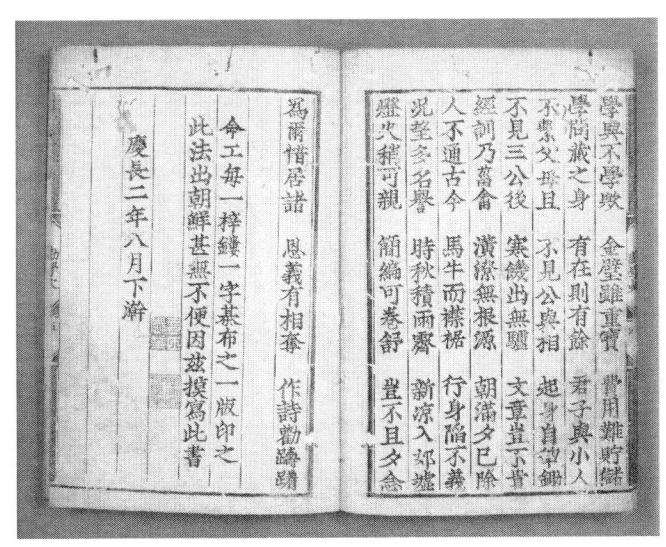

一六一六年，漢人林五官補鑄了許多銅活字，用於出版《群書治要》。《群書治要》在中國早已失傳，而日本卻有印本。中國印刷術傳入日本，不僅促進了日本文化的發展，也使中國久已不傳的書得以保存下來。

《勸學文》

第五章　傳播篇

日本雕版印刷的高峰——浮世繪

　　浮世繪，因其創作內容多為日本市民生活、事態人情及花街柳巷之事，而廣為人知。作為日本江戶時代最有特色的畫作，浮世繪是順應日本市民文化高漲而產生的，多用作裝飾或作為書籍插圖。浮世繪除手繪作品外，更多的為彩色印刷的木版畫。為了增加畫面的美感，畫師會在刻好的作品上繪色。另有一些畫師採用了中國的套色印刷工藝來增強畫面美感。其中，奧村政信發展了紅繪技術，即朱墨雙色套印。有些浮世繪還以淡墨及深墨套印，使山水畫產生更好的藝術效果。此外，鈴木春信於西元一七六四年在技師金六的幫助下，完成了錦繪的多色版畫。這種技法受到中國明清拱花印法的啟發，

葛飾北齋《神奈川沖浪裏》

在拓印時往往壓出一種浮雕式的印痕。經過一代又一代大師的不斷創新和發展，浮世繪藝術以其獨特風格對世界畫壇產生了重要影響。

中國印刷術在越南的傳播和影響

越南和中國毗鄰，兩國自古以來就在文化上有著友好交流的歷史。

大約在西元三世紀時，中國的造紙術就可能傳入了越南北方，那時越南就曾將自產的紙運進中國。

十一世紀時，中國的書籍傳入了越南。當時的北宋政府應越南的請求，先後贈送給他們三部《大藏經》和一部《道藏經》。越南的使節也常在北宋的京城購買書籍，或者用土產、香料換回書籍。大量的中國書籍流傳到越南，對越南的刻版印刷技術發展無疑起到了啟迪作用。

到了西元一二五〇年代，越南用木版印成了「戶口帖子」，這是見於越南史書記載的最早的印刷品。但越南政府正式出版書籍，則是一四三五年的事（一說一四二七年），刻印了儒家經典《四書大全》。此後，又刻成了「五經」印版。

由於官刻書籍愈來愈多，政府不得不在文廟（孔子廟）專門造庫儲藏。

延伸閱讀

西元一四四三、一四五九年，越南黎朝探花梁如鵠兩次奉命前往中國。此時，明朝文化興盛，書籍印刷日漸普遍。梁如鵠看到明人刻書的方法後，細心學習，回到越南後，並認真教其同鄉嘉祿縣人仿刻，而被同縣的刻工封為先師。後來，越南河內、南定、順化等地的刻字工人多為嘉祿縣人，河內各處書坊的主人也多為嘉祿縣人，有的到二十世紀初仍在刻書。

第五章　傳播篇

越南官刻書也仿照中國，有國子監本、集賢院本、內閣本等。與此同時，民間坊刻也多起來了，他們也仿照中國書坊的名稱，起名為文會堂、錦文堂、廣盛堂、聚文堂、樂善堂等，河內就是書坊的集中地。刻坊用漢文和越南文刻印了佛經、經、史、詩文集、兒童讀本、家譜、傳記、小說等，《三國演義》尤其盛行。

《老鼠娶親圖》

到了十八世紀初，越南也有了木活字印本。現知較早的印本是西元一七一二年出版的《傳奇漫錄》。後來越南政府又從中國買了一副木活字，印刷了「欽定」、「御製」一類政典、詩文集等。可見，越南的活字印刷術也是由中國傳去的。

越南的版畫也受中國影響很深。他們彩印的年畫從題材到印刷方法都和中國的年畫相似，有的可以說是中國年畫的翻版。如《老鼠娶親圖》，畫面

刻畫出由一群老鼠扮演了送禮的、抬轎的、吹號的，和騎馬的新郎官，場面熱鬧，妙趣無窮，滑稽可笑。還有一幅彩印年畫《關公騎馬圖》，關羽騎在馬上，一手握著馬韁繩，一手提青龍偃月刀，目視前方，按轡徐行，簡直和中國年畫一樣。由此可見，越南印刷受中國影響之深。

中西印刷的結合地——菲律賓

菲律賓與中國隔海相望，兩國自古以來交往就十分密切。海上絲綢之路的興盛，更是加強了中菲之間的聯繫，也開闢了一條中國南方沿海居民遷徙到菲律賓的通道。不少華人在菲律賓經商、務農，為印刷術向菲律賓傳播提供了重要條件。西元一四〇五年，鄭和下西洋，途經呂宋，在當地會見了許多福建僑商，並應僑商請求任命福建晉江籍華僑商人許柴佬為呂宋總督。此後直到一四二四年，呂宋島的最高行政長官都是這位華僑商人。那時，菲律賓人口較少，經濟文化落後，來到此地的中國印刷工人直接開創了菲律賓的印刷事業。

隨著新航路的開闢，歐洲的船隊開始出現在世界各處。基督教教徒登上這些商船，隨著船隊傳播教義。西元一五二一年，麥哲倫探險隊於首次環球航海時抵達了菲律賓群島。不久

《基督教義》

第五章　傳播篇

之後，西方基督教教徒便抵達菲律賓，開始傳教活動。中國印刷術與西方教義開始於菲律賓產生結合。

歐洲的傳教士想教化菲律賓當地民眾，需印發大量教會資料。西元一五九三年，中國印刷工人龔容採用雕版印刷術印刷了《基督教義》。此外，他還利用漢文和菲律賓本土語言刊印了基督教典籍《無極天主正教真傳實錄》，現僅存一本，保存在西班牙馬德里國立圖書館中。一六〇二年，龔容在西班牙神父的指導下製造了菲律賓第一台印刷機。一六〇四年，龔容用活字印刷了《玫瑰教區規章》。一六〇六年，其他中國印刷工人印刷了《新刊僚氏正教便覽》，書名頁及序文三頁為西班牙文，正文為漢文。一六〇七年，中國印刷工人還印刷了《新刊格物窮理便覽》。菲律賓成為西方了解和學習中國傳統印刷術的一個重要地點。

延伸閱讀

蘇祿國東王墓

蘇祿國是古代統治菲律賓蘇祿群島、巴拉望島等地區的一個國家。鄭和七下西洋，大大提升了明王朝在海外的聲望，形成了萬國來朝的局面。西元一四一七年，蘇祿國東王、西王、峒王帶著家屬和隨從，越南海，踏風浪，來到中國朝拜明朝皇帝朱棣，敬獻珍珠、寶石等物。在回去的途中，蘇祿國東王突患急病，客死山東德州。東王被就地安葬，明成祖朱棣親自為東王寫了悼文。從此，中國的土地上就多了這座外國國王墓，它見證了中菲之間的友誼。

近代中國印刷發展的海外源頭
——馬來半島

中國與馬來西亞的友好交往已有兩千多年的歷史。在漫長的歲月中，兩國人民結下了深厚的友誼。西元一四〇〇年，麻六甲王國建立。一四〇五年，明成祖朱棣承認其國王地位，並贈誥印、彩幣、襲衣、黃蓋以及鎮國碑文。一四一一年、一四一九年，拜里米蘇拉國王（Parameswara）率領家屬與陪臣到中國訪問，明朝政府給予盛情接待。鄭和七次下西洋，其中五次抵達了麻六甲王國。在交往過程中，不少中文印刷品傳到了馬來半島。隨著明中後期中外貿易的增加，大量中國人下南洋謀生。一六四一年，荷蘭取代葡萄牙成為馬來半島南部的新霸主。後來，馬來半島又成為了英國的殖民地。馬來半島雖然主權有所變化，但其一直是近代歐洲基督教文化向東亞、東南亞傳播的重要基地，而當地熟練掌握印刷術的中國工匠成為了傳播基督教教義的重要幫手。

西元一七二〇年，康熙皇帝宣布對基督教實施禁教（至雍正時期才嚴

《勸世良言》

第五章　傳播篇

格執行）。因害怕基督教教義蠱惑人心，繼任的清朝皇帝對基督教一直採取嚴酷的打擊措施。直到一八四〇年第一次鴉片戰爭爆發後，清政府戰敗，才逐步「解禁」，允許外國人傳教。在此期間，基督教傳教士為了在華宣傳基督教教義，想盡辦法躲避清政府的搜查，便將馬來半島當做印刷場所。一八一五年，中國印刷工人梁阿發受僱於馬禮遜和米憐（本名威廉・米爾尼，William Milne），到達麻六甲印刷基督教文書，並於當年印刷了第一份漢文期刊《察世俗每月統計傳》，於一八二三年印刷了《聖經》。一八三二年，梁阿發將自著的《勸世良言》印成單本發行。梁阿發與其弟子在麻六甲、新加坡的印經活動，對中國基督教的傳播產生了十分深遠的影響。太平天國領袖洪秀全就是在科舉考試失利後，受到《勸世良言》的影響，掀起了清朝時期規模最大的一場農民運動——太平天國運動，這場運動直接加速了清王朝與封建制度的衰落與崩潰。梁阿發在馬來半島學到了西方近代印刷技術，可以說是中國近代印刷史上的第一人。

蒙古西征與印刷術的西傳

自張騫通西域，陸上絲綢之路更為興盛，中國與西亞諸國的交往更為頻繁。諸多商人沿著陸上絲綢之路往返於亞洲、非洲和歐洲之間的廣袤地區，中國印刷術也隨著文化交流、貿易和戰爭逐步向外傳播。

西征之後，蒙古大軍以武力打通了東西方之間的通道，從東邊的中國到西邊的東歐地區，都納入了蒙古帝國的統治。在中國到西亞之間廣闊的地域中，蒙古大軍都設有驛站駐兵把守，保障東西方交流的安全。中國先進的文化技術隨著絲綢之路更加暢通無阻的向西方傳播。成吉思汗的孫子旭烈兀在

蒙古西征與印刷術的西傳

中亞和西亞地區建立的伊兒汗國，成為了東西方貿易和科學文化交流的重要樞紐。

史書上就記載了伊兒汗國印刷「中國版」紙幣的故事。由於伊兒汗國海合都國王（Gaykhatu）十分慷慨，沒事就喜歡給人賞賜，因此對他而言最缺的就是錢。西元一二九二年，財政大臣撒都魯丁建議效仿中國發行的紙幣，將金銀收入國庫，發放紙幣替代鑄幣通行於國內。此建議得到了海合都的讚賞。一二九四年，伊兒汗國在大不利茲開始印造紙幣。但是由於發行紙幣經驗不足，人們用紙幣換不到多少東西，最後紙幣的發行以失敗而告終。印刷紙幣的行為說明當時伊兒汗國擁有大量的印刷工，且印刷工藝較為高超。一三一〇年，伊兒汗國的首相拉施德丁（Rashid-al-Din Hamadani）在其所創作的《史集》當中，首次對中國的雕版印刷術進行了清晰描述，這也是西亞地區目前發現最早的對中國印刷術進行記載的史料。這也說明在一三一〇年前，中國雕版印刷術在伊兒汗國得到了較大規模的運用。

延伸閱讀

《元史》記載：「斡羅思等內附，賜鈔萬四千貫，遣還其部。」是說元英宗時期，俄羅斯等小公國內附，蒙古大汗賜給俄羅斯等國紙鈔一萬四千貫。這也是中國文獻中有關西方國家使用中國紙幣的最早紀錄。

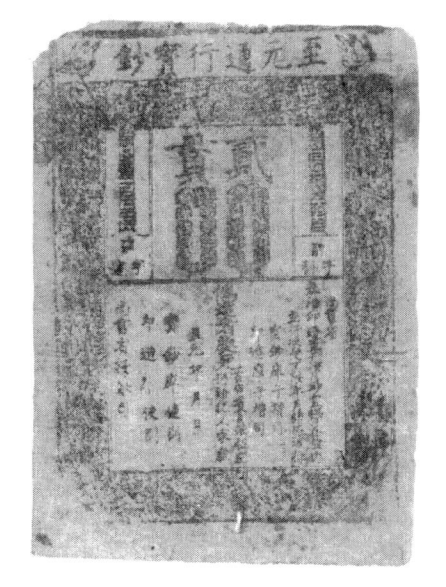

至元通行寶鈔

第五章　傳播篇

在埃及也發現了使用中國印刷術的證據。西元一八七八年，在埃及的法尤姆地區，考古學家從一座古墓裡發現了五十多件印刷品，其中有採用中國雕版印刷術印刷而成的《古蘭經》。

在十四世紀的歐洲，中國印刷術極大推動了紙牌製造業的發展，義大利威尼斯的紙牌製造業盛極一時。紙牌製造業的發展，使越來越多的歐洲人了解到中國印刷術。

往返於東西方之間的使者

西元一二一九至一二六〇年間，蒙古帝國開展了三次西征運動。在這長達近半個世紀的戰爭中，蒙古統治了從東亞到東歐、西亞之間廣袤的土地，建立起空前的大帝國。在戰爭的推動下，東西方交流達到一個空前活躍的狀態，雙方的使者、商人、傳教士、學者、工匠和遊客沿陸上絲綢之路相互訪問。

西元一二九〇年伊兒汗國阿魯渾君王（Arghun）寫給教宗尼閣四世的信

西元一二四五年，羅馬教宗依諾增爵四世為防止蒙古軍隊的進一步入侵，決定派遣教士出使蒙古，勸其不要再攻擊其他民族，並希望能夠信仰基督教。若望・柏郎嘉賓（Giovanni da Pian del Carpine）受命以後，於次年抵達了蒙古帝國的首都。一二四七年，柏朗嘉賓返回法國後，將自己的見聞

往返於東西方之間的使者

記錄下來,並對中國進行了介紹。一二五三年,法國方濟各會教士魯不魯乞(Rubruquis)受國王之命抵達蒙古帝國,兩年歸國後寫下著作《東遊記》,並介紹了中國的紙幣印刷技術。此外,馬可‧波羅在《馬可‧波羅遊記》中,栩栩如生的描繪了他在中國的見聞,激起了歐洲人對東方的嚮往。

在蒙古帝國的統治期間,東西方的交流進一步加強,也有不少東方人前往西方進行探索交流。西元一二七六年,拉班‧掃馬(Classical Syriac)帶領其弟子雅巴拉哈三世(教名為馬可 Markos)從北京出發,前往耶路撒冷聖地求法。他們經過新疆,穿過伊朗,於一二八〇年到達巴格達。後來,巴瑣馬受伊兒汗國國王阿魯渾的使命,於一二八七年訪問歐洲,開啟了一趟西歐一年遊,期間拜訪了羅馬教宗,順訪義大利熱內亞及法國巴黎。掃馬用波斯文記錄了此趟遊記。

蒙古西征推動了東西方之間的直接聯繫,西方商人和傳教士抵達中國進行貿易和傳教活動,中國的商人、將士與教徒也前往西方探索。在文化的交流互鑑下,中國不少先進技術透過陸上絲綢之路傳到歐洲,中華文明為歐洲的中世紀生活注入了新的生機與活力,對歐洲近代文明的誕生產生了重要的推動作用。

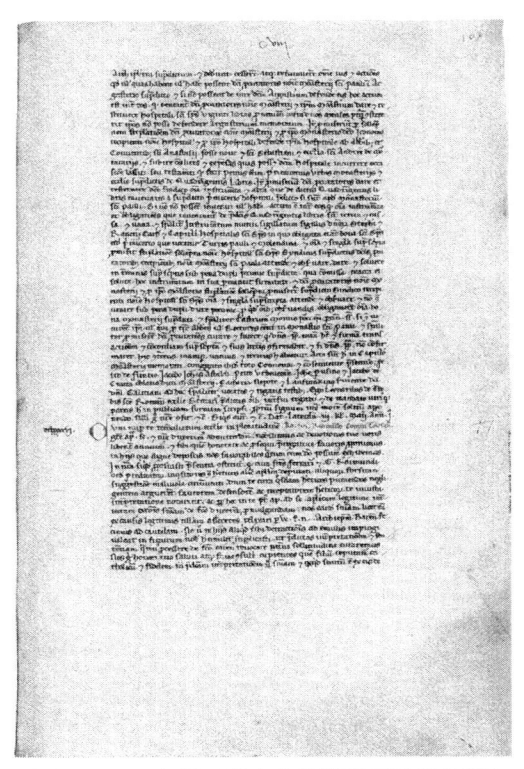

西元一二四五年羅馬教宗依諾增爵四世寫給蒙古皇帝的信

第五章　傳播篇

歐洲現存最早的雕版印刷宗教畫
——聖克里斯多夫與耶穌渡河像

　　中國的雕版印刷術傳入歐洲後，也同樣用於印刷宗教畫像，以便於更好的宣傳基督教教義。人們在德國奧格斯堡一所修道院的圖書館裡，發現了現存最早的歐洲雕版印刷品——西元一四二三年的《聖克里斯多夫與耶穌渡河像》。

　　聖克里斯多夫是一名虔誠的基督教徒，他立志於服侍世界上最偉大的君王，卻沒有如願。後來，他在河邊造了一間房子，有人渡河，他就把人背過去，以此來服侍基督。一天夜裡，一個小孩請他背過河。克里斯多夫把小孩抱起來放在肩上，拿起一根木杖，走到河裡。不料河水漸漸高漲，小孩重得像鐵塊一樣。一路向前走，河水越漲越高，小孩越背越重。他好不容易才把小孩背到對岸，然後感嘆道：「孩子，我的命幾乎喪在你手裡。想不到你的身體生得這樣重，我生平第一次遇到這麼重的人。那時就好像整個宇宙的重量都壓在我背上似的。」小孩答道：「你不必驚奇。你剛才背

德國雕版印刷品《聖克里斯多夫與耶穌渡水像》（西元一四二三年）

歐洲現存最早的雕版印刷宗教畫——聖克里斯多夫與耶穌渡河像

負的，不僅是整個宇宙，連創造宇宙的主宰，也背在你肩上了。我就是耶穌基督，你所事奉的主人。你既然忠心事奉了我，現在你把木杖插入土裡，明天就會開花結果。」克里斯多夫依言把自己的那根木杖插在土裡，第二天真的開花結果了。

圖畫上，聖克里斯多夫艱難的背著手捧十字架的年幼耶穌渡河，手上的木杖已經發芽結果。圖下有兩行字，意思為「見聖克里斯多夫像，則今日能免一切災害」。信仰者透過印刷此種聖像，使靈魂得到安慰與救贖。值得注意的是，畫面左下角還有從中國引入的水車的圖案。

延伸閱讀

歐洲早期印刷品大多為宗教畫，畫面較為粗放，刻工刀法並不嫻熟。其中最有名的雕版印刷品是現藏於英國國家圖書館的德國刊印的《往生之道》，用聖像及《聖經》文句介紹安詳離開人世的方法，可以斷為西元一四五〇年間的作品。比其稍早時印刷的還有《默示錄》，也是宗教畫，年代大約為一四二五年。

歐洲雕版印刷品《默示錄》

第五章　傳播篇

偉大的印刷革新家——古騰堡

　　古騰堡被譽為「西方的畢昇」，他發明的機械印刷機導致了一次媒介革命，迅速推動西方教育和文化的發展。

　　受中國活字印刷術的影響，西元一四三八年左右，古騰堡開始研製鉛活字印刷術，用鉛鑄出簡單的字母符號，進行排版，然後印刷書籍。經過長期的努力探索，他逐步解決了金屬活字鑄造和印刷所面臨的技術問題。一四五〇至一四五五年，古騰堡在富商富斯特（Johann Fust）的資助下，鑄出了字型較大的金屬活字，用於刊印多納圖斯的拉丁文著作。然後，他又用小號的金屬活字印刷出版了《四十二行聖經》。用機械印刷書籍，極大推動了書籍的印刷速度。一四六二年，德國美因茲發生動亂，印刷工匠四處逃命，古騰堡的鉛活字印刷術隨之擴散到德國各地乃至世界各國。

古騰堡像

偉大的印刷革新家──古騰堡

延伸閱讀

　　古騰堡博物館位於德國萊比錫美因茲，館內不僅展示了古騰堡對世界印刷發展的傑出貢獻，還展示了東亞的印刷術。中國印刷博物館在古騰堡博物館亦設有展廳，以弘揚中國古老的印刷文明。

中國印刷博物館內古騰堡展區場景

前言

後記

　　作為博物館工作從業者，我們感到十分榮幸，能近距離的與印刷文物相接觸，感受印刷術深厚的文化內涵。同時，我們也倍感壓力，如何實現博物館與大眾的「零距離」，讓大眾喜歡上博物館。為此，我們思考過許多，如對博物館展陳設計進行改造升級，對展覽互動方式進行改良設計，為大眾創造一個更為舒適的參觀環境。然而，要讓展廳裡的文物走進大眾的心裡，還需要我們不斷提升講故事的能力，將一件件文物背後的故事挖掘出來，講述文物背後的文化技藝內涵和與文物相關的趣事。

　　本書根據印刷術發展的不同階段，講述了不同時期的印刷故事，其中起源篇由方媛負責，雕版篇由譚栩炘負責，活字篇由趙春英負責，近現代篇由高飛負責，傳播篇由谷舟負責。書稿經多次修改，最終定稿。因經驗和水準所限，書中仍存在瑕疵和不足，敬請各位讀者批評指正。希望此書能幫助廣大讀者更好了解中國印刷出版文化，從中感受到中國印刷術的無窮魅力，並能夠對如何看待當今印刷文明有自己的思考和感悟。

編者

中國印刷史
從手抄到活字，知識不再是貴族的專利

作　　者：	谷舟　主編
編　　輯：	柯馨婷
發 行 人：	黃振庭
出 版 者：	崧燁文化事業有限公司
發 行 者：	崧燁文化事業有限公司
E-mail：	sonbookservice@gmail.com
粉 絲 頁：	https://www.facebook.com/sonbookss/
網　　址：	https://sonbook.net/
地　　址：	台北市中正區重慶南路一段六十一號八樓 815 室
	Rm. 815, 8F., No.61, Sec. 1, Chongqing S. Rd., Zhongzheng Dist., Taipei City 100, Taiwan (R.O.C)
電　　話：	(02)2370-3310
傳　　真：	(02) 2388-1990
印　　刷：	京峯彩色印刷有限公司（京峰數位）

國家圖書館出版品預行編目資料

中國印刷史：從手抄到活字，知識不再是貴族的專利 / 谷舟主編. -- 第一版 . -- 臺北市：崧燁文化，2021.04
　面；　公分
POD 版
ISBN 978-986-516-497-3(平裝)
1. 印刷術 2. 歷史 3. 中國
477.092　109015622

電子書購買

臉書

- 版權聲明 -

本書版權為九州出版社所有授權崧博出版事業有限公司獨家發行電子書及繁體書繁體字版。若有其他相關權利及授權需求請與本公司聯繫。

定　　價：320 元
發行日期：2021 年 04 月第一版
◎本書以 POD 印製